钢筋平法识图与计算任务工单

机 械 工 业 出 版 社

目　　录

模块一　平法基础知识

任务一 识读结构说明

预 习 单

姓名		学号		班级	
场地		日期		成绩	
任务目的	了解结构说明的内容，了解结构绘图规则				
任务耗材	配套图纸，主教材				

任务调研

1. 分析施工图纸中结构说明的作用。

提示：注意区别建筑说明和结构说明，主要从内容、形式、用途等方面进行区别。

答：

2. 设计师是根据什么设计图纸的？

提示：一套完整的图纸从概念到模型，设计师要经历哪些过程？在这些过程中所依据的是什么？（比如某些规范要求等）

答：

实　施　单

姓名		学号	
课堂自评		考核成绩	

实施步骤

1. 识读本工程（文中的"本工程"皆指配套的"课堂图纸"）的"结构说明"，概述结构说明在图纸中的作用（根据"预习单"回答）。

答：

2. 框架结构和剪力墙结构各自的优点和缺点是什么？

答：

3. 除了框架结构和剪力墙结构，还有哪些结构类型？

答：

关联☞知识点一　结构形式（这里的"关联"，是指与主教材中各个任务对应的知识点相匹配，后同）

扩展☞查询互联网，找一些我国比较典型的结构类型案例，并用几分钟介绍一下。

4. 民用建筑结构设计依据主要包括哪些（根据"预习单"回答）？

答：

5. 地面粗糙度有_____种。

6. 本工程设计使用年限为_____年。

关联☞知识点二　设计依据

扩展☞建筑使用年限为什么有的是 50 年，有的是 100 年？

7. 本工程编号为"结施 11"的图纸中，8 号楼板的板底标高为_____，绝对标高为_____。

8. 相对标高和绝对标高有何区别？

答：

9. 弧形梁 x 向是指_____向。

关联☞知识点三　标高、层号和方向

10. 什么是安全等级？

答：

11. 什么是抗震等级？

答：

关联☞知识点四　建筑分类等级

实 训 单

姓名		学号	
实训成绩			

"1+X"应对试题

1. 本工程主体结构抗震等级为_____。

2. 本工程以_____为持力层。

3. 本工程结构体系为_____。

4. 本工程上人屋面活荷载为_____。

5. 本工程地下水对混凝土结构具有_____。

工程管理方向试题

1. 本工程为_____建筑，在设计时应注意住宅方面的规范。

2. 本工程基底绝对标高为_____，要区别于相对标高，并知晓绝对标高的用途。

3. 本工程耐火等级为_____，有利于掌握工程消防的要求。

4. 本工程编号为"结施08"图纸中，KL9的梁顶标高为_____。

5. 若上人屋面超出了活荷载限值，会发生什么情况？

答：

6. 如果识读时误认为本工程抗震等级为四级，会造成什么影响？

答：

7. 列举几点22G101系列图集和16G101系列图集的变化。

答：

任务二　识读主体材料

预　习　单

姓名		学号		班级	
场地		日期		成绩	
任务目的	掌握结构图纸中主体材料的性能和应用				
任务耗材	主教材，材料课程教材				

任务调研

1. 主体材料有哪些？在结构中各发挥着什么作用？

提示：材料类型要根据图纸确定。

答：

2. 列举主体材料在应用时应注意的性能要求。

提示：根据上述调研内容，说明一下各材料在使用时应注意的参数名称即可。

答：

实 施 单

姓名		学号	
课堂自评		考核成绩	

实施步骤

1. 本工程梁、柱节点的混凝土强度等级为_____。

2. 混凝土保护层厚度是指_____。

3. 某柱中，纵筋为 4 ⏀28，箍筋为⏀10@ 100/200，二 a 类环境类别，建筑使用年限为 50 年，混凝土选用 C25，那么此构件的混凝土保护层的最小厚度是多少？

答：

4. 本工程中，屋面板的混凝土保护层最小厚度是_____。

关联☞知识点一 混凝土

扩展☞查询互联网，调查我国混凝土行业发展现状以及未来建筑材料的发展情况。

5. 本工程中，钢筋若采用普通钢筋，有何要求？

答：

6. 某框架梁，上部纵筋为 6 ⏀28，框架抗震等级为二级，梁、柱混凝土强度等级均为 C30，表面涂环氧树脂，那么此钢筋的抗震锚固长度 L_{aE} 是多少？

答：

7. 在上题中，如果钢筋易受施工的扰动，那么抗震锚固长度 L_{aE} 应是_____。

8. 本工程编号为"结施06"的图纸中，KL11（2）的上部纵筋净间距是否满足要求？

答：

9. 小李在工地实习时，发现有一根柱的纵筋采用绑扎连接，而且钢筋直径为 18mm。根据所学知识，他认为直径为 18mm 的钢筋采用焊接比较好，他的想法是否正确？

答：

关联☞知识点二 钢筋

☞讨论，在未来的工作岗位中，若遇到技术问题该如何解决？

☞讨论，我们国家幅员辽阔，你觉得都有哪些环境类别？

实 训 单

姓名		学号	
实训成绩			

"1+X" 应对试题

1. 本工程的垫层混凝土强度等级为_____。

2. 钢筋符号"Φ"是指_____。

3. 解释钢板中 Q235B 的含义_____。

4. 本工程所用焊条有_____种。

5. 对于本工程所用填充墙的说法正确的有（   ）。

A. 外墙采用加气混凝土砌块   B. 内墙和外墙均采用专用砂浆

C. 填充墙应沿柱每隔 1000mm 配置 2φ6 拉筋   D. 墙高超过 4m 时应设置圈梁

E. 砌体洞口净宽不小于 700mm 时，上方应设置过梁

6. 填充墙施工时，每层砌至楼盖处应留出_____高度。

7. 关于本工程的环境类别，说法正确的有（   ）。

A. 地坪以下为二 b 类   B. 卫生间为二 a 类

C. 屋面为一类   D. 混凝土保护层厚度不得小于钢筋直径

E. 混凝土保护层厚度和抗震等级无关

8. 本工程中，哪些部位需设置构造柱（   ）。

A. 墙交接处   B. 墙长超过墙高 2 倍时

C. 门洞两侧   D. 墙长大于 5m 时

工程管理方向试题

1. 如果施工时，错将图纸中的混凝土等级 C30 识读成 C20，会造成什么影响？

答：

2. 本工程编号为"结施 05"的图纸中，若 KZ1 采用绑扎连接，则连接长度 L_{lE} 为_____。

3. 本工程编号为"结施 06"的图纸中，KL9 端部支座负筋的净间距是否符合要求？

答：

4. 本工程中的纵筋优先采用_____。

5. 本工程编号为"结施 06"的图纸中，KL9 的混凝土保护层厚度为_____。

6. C30 混凝土，二级抗震，Φ25 钢筋，其他不考虑，计算 L_{aE} =_____。

模块二　基础识读及钢筋构造

任务一 识读独立基础注写

预 习 单

姓名		学号		班级	
场地		日期		成绩	
任务目的	掌握独立基础的平法注释，绘制剖面图				
任务耗材	22G101—3 图集，A4 图纸一张，主教材				

任务调研

1. 分析独立基础在建筑结构中的作用。

提示：注意关键词"沉降"，如果在冰上滑冰时，冰面破裂，应该怎么做？

答：

2. 简析独立基础结构设计的过程。

提示：结合上述调研的结论，注意关键词"基础高度""基础埋深""基础平面尺寸"。

答：

实　施　单

姓名		学号	
课堂自评		考核成绩	

实施步骤

1. 按受力性能分类，独立基础有＿＿＿＿＿＿和＿＿＿＿＿＿类型。

2. 当建筑物上部荷载较大，而地基又较弱时，基础宜采用＿＿＿＿＿＿类型。

3. 讨论地基与基础的区别。

答：

4. 什么叫复合基础？举例说明。

答：

5. 本工程的基础类型为＿＿＿＿＿＿。

关联☞知识点一　基础分类

6. 本工程基础垫层的厚度为＿＿＿＿＿＿。

7. 地基基础设计等级是根据什么进行划分的？

答：

8. 基础埋深如何定义？

答：

9. 施工验槽后，发现地基条件与勘察报告不符，应如何处理？

答：

关联☞知识点二　规范选读

10. 基础内钢筋有哪些？

答：

关联☞知识点三　独立基础钢筋类别

11. 独立基础注写有＿＿＿＿＿＿和＿＿＿＿＿＿两种形式。

12. "DJ_p01，250/300" 表示：

13. "DJ_j02，250/300/300"表示：

14. "B：X ⏀16@ 110，Y ⏀18@ 140"表示：

关联☞知识点四　平面注写方式

15. 抄绘图 2-1，取 1∶100 比例（完成后，找另一人帮你审查结果）。

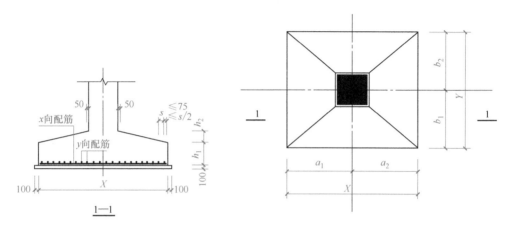

编号	a_1 /mm	a_2 /mm	b_1 /mm	b_2 /mm	h_1 /mm	h_2 /mm	x向筋	y向筋
JC-1	1100	1100	1200	1200	300	200	⏀12@120	⏀12@130
JC-2	1200	1200	1300	1300	400	300	⏀14@120	⏀12@120

图 2-1　独立基础示例

实 训 单

姓名		学号	
实训成绩			

"1+X"应对试题

1. 本工程地基承载力特征值 f_{ak} 为 _____。

2. 本工程基础是否考虑抗震? _____。

3. 本工程施工时,地下水位应降低至_____标高以下。

4. 本工程编号为"结施 04"图纸中,关于 J-1 说法正确的是( )。

A. 普通坡形独立基础   B. 底标高为 −1.800m

C. 共两阶   D. 基础总高度为 600mm

E. 基础底部和顶部均配置钢筋

5. 独立基础内何时设置上部纵筋?试说明原因。

答:

6. 试对"DJ_p1B:X Φ 14@ 150,Y Φ 16@ 120"进行解析。

答:

工程管理方向试题

1. 本工程编号为"结施 04"的图纸中,若 J-1 采用机械开挖,则机械开挖的最低标高为多少?

答:

2. 地下室大体积混凝土施工应注意什么?

答:

3. 本工程基坑回填时不得采用哪些土质的土?

答:

任务二　识读条形基础注写

预　习　单

姓名		学号		班级	
场地		日期		成绩	
任务目的	掌握条形基础的平法注释，尝试绘制条形基础示例				
任务耗材	22G101—3 图集，主教材				

任务调研

1. 列举条形基础应用案例。

提示：可以根据结构类型去找案例，例如一般情况下，柱下是什么基础？剪力墙下是什么基础？

答：

2. 绘制一个条形基础的三维图形。

提示：要利用好制图的透视关系。

答：

实　施　单

姓名		学号	
课堂自评		考核成绩	

条形基础示例（一）如图 2-2 所示。

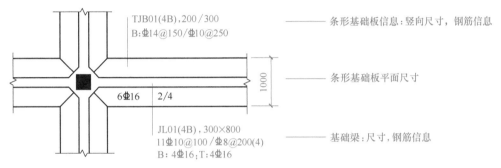

图 2-2　条形基础示例（一）

实施步骤

1. 条形基础有＿＿＿＿＿＿＿＿＿＿和＿＿＿＿＿＿＿＿＿＿两种。

2. 如图 2-2 所示，对 TJB01 进行解析。

答：

3. 如图 2-2 所示，对 JL01 进行解析（初学者也可在掌握框架梁知识后再来学习基础梁）。

答：

关联☞知识点一 条形基础识读

☞查询互联网，分析条形基础和独立基础的区别。

4. 抄绘图 2-2。绘制要求：绘图比例为 1：20；柱尺寸为 400mm×400mm；图名为 TJ01；标注其他必要信息；基础顶轮廓距离柱边最小距离为 50mm。其他绘制要求以建筑制图规范为准。

答：

关联☞知识点二 条形基础抄绘

讨论☞在设计软件未发明之前，设计师都是怎样绘图的？你知道一套图纸需要多久才能完成吗？你希望成为一名设计师吗？你觉得一名优秀的设计师应该具备什么样的品质？

答：

实 训 单

姓名		学号	
实训成绩			

条形基础示例（二）如图 2-3 所示。

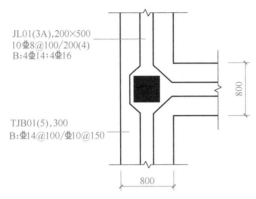

JL01(3A),200×500
10Φ8@100/200(4)
B:4Φ14:4Φ16

TJB01(5),300
B:Φ14@100/Φ10@150

800

800

图 2-3 条形基础示例（二）

"1+X" 应对试题

1. 如图 2-3 所示，对 TJB01 进行解析。

答：

2. 如图 2-3 所示，对 JL01 进行解析。

答：

工程管理方向试题

在现场，小张在进行测量工作时发现，从 JL01 顶部到 TJB 顶部的高差是 200mm，他比对图纸标注发现 JL01 的高度为 500mm，所以他认为施工出现了问题，认为这两个数应一致，你觉得是这样吗？

答：

任务三　识读筏形基础注写

预　习　单

姓名		学号		班级	
场地		日期		成绩	
任务目的	掌握平板式筏形基础的平法注释				
任务耗材	22G101—3 图集，主教材				

任务调研

1. 列举筏形基础的应用案例，简述其设计方案的特点。

提示：你平时搜集建筑资料的网站有哪些呢？

答：

2. 筏形基础有何优（缺）点？

提示：关键词"不均匀沉降"。

答：

实 施 单

姓名		学号	
课堂自评		考核成绩	

实施步骤

1. 筏形基础有_____和_____两种。

2. 根据基础梁底面和基础平板底面的标高高差，梁板式筏形基础有_____、_____和_____三种不同的位置。

3. 分析不同板位的筏形基础的受力特点有什么不同？

答：

4. 筏形基础平法规则中，JL 是指_____，JCL 是指_____，LPB 是指_____。

5. 对 "JL2（3B）" 进行解析。

答：

6. 对以下内容进行解析：

X：B Φ 22@ 150；T Φ 20@ 150；（5B）

Y：B Φ 20@ 200；T Φ 18@ 200；（7A）

答：

7. 板底纵筋配筋为 "Φ 10/Φ 12@ 100"，试进行解析。

答：

关联☞知识点一　梁板式筏形基础平面注写

8. 平板式筏形基础的板底配筋为"B Φ 22@ 300；T Φ 25@ 150"，试进行解析。

答：

9. 平板式筏形基础配筋为"X：B12 Φ 22@ 150/200；T10 Φ 20@ 150/200"，试进行解析。

答：

关联☞知识点二　平板式筏形基础平面注写

☞讨论，哪种类型的筏形基础使用较多？为什么？

☞讨论，筏形基础和防水有无关联？

实　训　单

姓名		学号	
实训成绩			

筏形基础示例如图 2-4 所示。

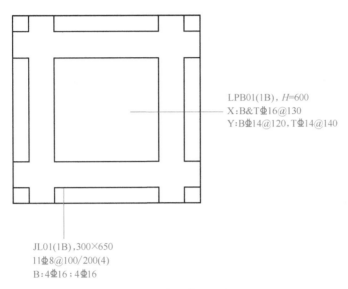

LPB01(1B), *H*=600
X:B&T⌀16@130
Y:B⌀14@120,T⌀14@140

JL01(1B),300×650
11⌀8@100/200(4)
B:4⌀16 : 4⌀16

图 2-4　筏形基础示例

"1+X" 应对试题

1. 如图 2-4 所示，对 LPB 进行解析。

答：

2. 如图 2-4 所示，对 JL01 进行解析。

答：

工程管理方向试题

识图时，施工人员小张将筏形基础厚度误认为 700mm，这对后期施工会造成什么影响？

答：

任务四 识读承台与桩基础注写

预 习 单

姓名		学号		班级	
场地		日期		成绩	
任务目的	掌握承台与桩基础的平法注释				
任务耗材	22G101—3图集，主教材				

任务调研

1. 分析桩的作用。

提示：关键词"地基承载力""土质""地基环境"。

答：

2. 分析承台的作用。

提示：为何承台有方形、圆形，以及其他的形状？

答：

实 施 单

姓名		学号	
课堂自评		考核成绩	

实施步骤

1. 常见的承台有＿＿＿＿＿＿＿＿＿＿＿＿＿＿＿＿＿等形状。

2. 解析下面注释：

CTj01，300/200

B：△10 ⏀12@ 150 ×3/φ 10@ 250

-4. 200

答：

3. 承台集中标注包含哪些内容？

答：

4. 承台原位标注包含哪些内容？

答：

关联☞知识点一　承台

5. 22G101—3 图集中，GZH 表示＿＿＿＿＿＿＿＿。

6. 如图 2-5 所示，解析 GZH1 集中标注的内容。

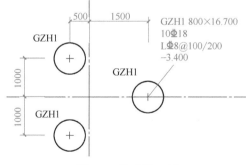

图 2-5　灌注桩示例

答：

关联☞知识点二　桩基础

☞思考桩基础有哪些类别？现浇混凝土桩有哪些类别？桩的形状有哪些？

实 训 单

姓名		学号	
实训成绩			

"1+X"应对试题

试解析下列桩注写内容：

GZH1 800×16.700

10 Φ 18

L Φ 8@ 100/200

−3.400

答：

工程管理方向试题

1. 简要说明在施工时对桩的定位偏差的要求。

答：

2. 小马在识图时，没有发现灌注桩的箍筋为螺旋式，可能会造成什么麻烦呢？

答：

任务五　掌握独立基础钢筋构造

预　习　单

姓名		学号		班级	
场地		日期		成绩	
任务目的	掌握独立基础钢筋的构造要求，绘制基础剖面图				
任务耗材	22G101—3 图集，本教材				

任务调研

1. 独立基础内有哪些钢筋？

提示：关键词"钢筋网"。

答：

2. 根据独立基础的受力特点，分析独立基础钢筋的作用。

提示：钢筋在钢筋混凝土中的作用。

答：

实 施 单

姓名		学号	
课堂自评		考核成绩	

实施步骤（以图 2-1 为例）

1. 独立基础第一根纵筋的起步距离为_____。

2. 如图 2-1 所示，若基础保护层厚度取 40mm，则 JC-2 中，x 向钢筋的信息为_____，长度为_____，根数为_____；y 向钢筋的信息为_____，长度为_____，根数为_____。

3. 如图 2-1 所示，JC-2 中，x 向和 y 向钢筋_____在上。

4. 若 JC-1 中 $a_1 = 1300mm$，$a_2 = 800mm$，那么此基础的 x 向纵筋_____（是否）缩减。

关联☞知识点 独立基础钢筋构造

实　训　单

姓名		学号	
实训成绩			

"1+X" 应对试题

1. 本工程编号为"结施04"的图纸中，J-6的混凝土保护层厚度为＿＿＿＿＿＿。

2. 计算本工程编号为"结施04"的图纸中J-6的钢筋工程量，将结果填入表2-1。

表 2-1　J-6钢筋工程量计算

编号	描述	钢筋信息	长度	根数
1	x 向不缩减纵筋			
2	x 向缩减纵筋			
3	y 向不缩减纵筋			
4	y 向缩减纵筋			

3. 结合本工程图纸，绘制J-6大样，绘图要求如下：

1）绘图比例为1：30。

2）注明必要的尺寸信息。

3）注明钢筋信息。

4）注明必要的钢筋构造尺寸。

5）柱纵筋无须绘制。

答：

工程管理方向试题

因设计需要，将本工程编号为"结施04"的图纸中J-6上的柱沿㉓轴向左移动200mm，其他不变，试再次绘制J-6，其他要求如上题。

答：

任务六　基础模块综合实训

姓名		学号	
实训成绩			

一、单项选择题（每题 2 分，共 50 分）

1. 下列不属于结构说明主要内容的是（　　）。

A. 工程概况　　B. 图纸目录　　C. 主要结构材料　　D. 结构要点和施工要求

2. 结构施工图中，一般尺寸的单位是（　　）。

A. 毫米　　　B. 厘米　　　C. 分米　　　D. 米

3. 本工程建筑使用年限为（　　）。

A. 10 年　　　B. 25 年　　　C. 50 年　　　D. 100 年

4. 纵向受拉钢筋非抗震锚固长度在任何情况下不得小于（　　）。

A. 250mm　　B. 350mm　　C. 400mm　　D. 200mm

5. 当钢筋在混凝土施工过程中易受扰动时，其锚固长度应乘以修正系数（　　）。

A. 1.1　　　B. 1.2　　　C. 1.3　　　D. 1.4

6. 纵向钢筋搭接接头面积百分率为 25%，其搭接长度修正系数为（　　）。

A. 1.1　　　B. 1.2　　　C. 1.4　　　D. 1.6

7. 本工程结构形式为（　　）。

A. 框架　　　B. 剪力墙　　　C. 框架剪力墙　　　D. 砌体

8. 本工程基础形式为（　　）基础。

A. 独立　　　B. 条形　　　C. 筏形　　　D. 桩

9. 本工程地面粗糙度为（　　）类。

A. A　　　B. B　　　C. C　　　D. D

10. 本工程筏形基础顶部的相对标高为（　　）m。

A. -1.800　　B. -1.300　　C. -1.650　　D. -1.350

11. 本工程构造柱抗震等级为（　　）。

A. 一级　　　B. 二级　　　C. 三级　　　D. 不抗震

12. 本工程抗震设防类别为（　　）类。

A. 甲　　　B. 乙　　　C. 丙　　　D. 丁

13. 本工程建筑场地的土极可能为（　　）。

A. 紧密的岩石　　B. 碎石　　　C. 淤泥土　　　D. 硬土

14. 本工程标高 2.180m 处梁的混凝土等级为（　　）。

A. C40　　　B. C35　　　C. C30　　　D. C20

15. 本工程内隔墙墙体材料为（　　）。

A. 烧结页岩多孔砖　　　　　B. 加气混凝土砌块

C. 烧结砖　　　　　　　　　D. 无法判定

16. 本工程能够用到的焊条最多有（　　）种。

A. 1　　　　　　B. 2　　　　　　C. 3　　　　　　D. 不宜采用焊接

17. 本工程地基持力层在第（　　）层。

A. 1　　　　　　B. 2　　　　　　C. 3　　　　　　D. 4

18. 本工程机械开挖最大深度为（　　）m。

A. −1.800　　　B. −1.500　　　C. −2.100　　　D. −2.300

19. 根据环境分类，山东省为（　　）地区。

A. 热带　　　　B. 亚热带　　　C. 温带　　　　D. 严寒

20. 本工程编号为"结施 11"的图纸中，轴线①-③-Ⓔ-Ⓑ围成的板的混凝土保护层厚度为（　　）mm。

A. 15　　　　　B. 20　　　　　C. 25　　　　　D. 30

21. 本工程筏形基础下部的 x 向钢筋直径为（　　）mm。

A. 14　　　　　B. 16　　　　　C. 18　　　　　D. 20

22. 独立基础边长超过（　　）mm 时，底部纵筋需缩减 10%。

A. 2000　　　　B. 2200　　　　C. 2500　　　　D. 3000

23. 独立基础底部纵筋的起步距离为（　　）mm。

A. 50　　　　　B. 75　　　　　C. $s/2$　　　　D. $\min(75, s/2)$

24. 施工时，独立基础底部长边纵筋在短边纵筋的（　　）。

A. 下　　　　　B. 上　　　　　C. 都可以　　　　D. 无法判断

25. 22G101—3 图集中，GZH 表示（　　）。

A. 灌注桩　　　　　　　　B. 扩底灌注桩

C. 预制桩　　　　　　　　D. 高强度预应力混凝土桩

二、多项选择题（每题 3 分，共 15 分，漏选得 1 分）

26. 施工活荷载包括（　　）。

A. 施工机具荷载　　　　　B. 施工人员荷载

C. 地面堆料荷载　　　　　D. 结构自重

E. 吊装荷载

27. 本工程中可以设置膨胀螺栓的部位是（　　）。

A. 预应力构件　　　　　　B. 框支柱

C. 框架柱　　　　　　　　D. 梁顶面不大于 1/3 梁高范围

E. 砌体墙

28. 本工程中，下列说法正确的是（　　）。

A. 地下水有微腐蚀性　　　B. 存在季节性冻土

C. 垫层混凝土强度等级采用 C15　　D. 筏形基础采用双层双向配筋

E. 基础设计等级为丙级

29. 本工程中，环境类别属于二 a 类的是（　　）。

A. 厨房　　　　　　　　　B. 卫生间

C. 基础　　　　　　　　　D. 雨篷

E. 室内干燥环境

30. 关于独立基础，说法正确的是 （   ）。

A. 纵筋一般不考虑抗震   B. 边缘纵筋不可缩减

C. 只有一个基准底标高   D. 基础上既可有一根柱，也可有多根柱

E. 独立基础是地基的一部分

三、计算题（本题 20 分）

如图 2-6 所示，计算独立基础的钢筋工程量，设混凝土保护层厚度为 40mm。应计算各钢筋的长度和根数。

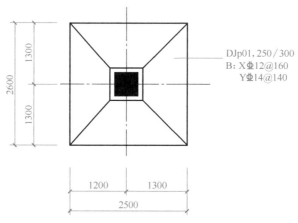

图 2-6 DJ$_p$01 基础实训试题

答：

四、绘图题（本题 15 分）

如图 2-6 所示，绘制 DJ_p01 的剖面图，绘制要求如下：

1）沿 x 向中心线剖切。

2）绘图比例为 1∶20。

3）设垫层厚度为 100mm，绘制出垫层和基础的轮廓。

4）标注钢筋信息。

5）标注必要的钢筋构造尺寸。

答：

模块三　柱识读及钢筋构造

任务一　识读柱截面注写

预　习　单

姓名		学号		班级	
场地		日期		成绩	
任务目的	了解柱，并掌握柱截面注写法				
任务耗材	配套图纸，主教材				

任务调研

1. 柱的类型有哪些？设计时选取的依据是什么？

提示：关键词"材料""位置""截面形状""稳定性""受力特点"等。

答：

2. 柱在整个建筑中的作用有哪些？

提示：主要从安全方面思考。

答：

实 施 单

姓名		学号	
课堂自评		考核成绩	

实施步骤

1. 按材料分类，柱有_____等类别。

2. 按位置分类，本工程编号为"结施 05"的"基础顶～18.350 柱定位图"中，轴线①-Ⓔ处的 KZ1 为_____，轴线⑬-Ⓔ处的 KZ1 为_____，轴线⑬-Ⓑ处的 KZ2 为_____。

3. 简述柱与其他构件的支座关系？（按"预习单"回答）

答：

关联☞知识点一　柱的类型

4. 识读图 3-1：

（1）KZ1 是指_____。

（2）角筋为_____。

（3）b 边中部筋为_____。

（4）h 边中部筋为_____。

（5）"Φ10@100/200"是指_____。

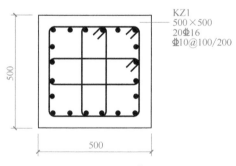

图 3-1　KZ1 截面图

关联☞知识点二　截面注写方式

☞讨论截面注写方式的优（缺）点。

实　训　单

姓名		学号	
实训成绩			

"1+X" 应对试题

1. 两个柱用同一编号时，需满足_____、_____和_____一致的要求，_____无关。

2. 识读图 3-2：

（1）KZ02 是指_____。

（2）KZ02 的截面尺寸为_____。

（3）角筋为_____。

（4）b 边中部筋为_____。

（5）h 边中部筋为_____。

（6）"Φ10@100/200" 是指_____。

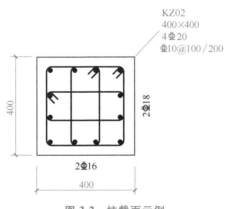

图 3-2　柱截面示例

3. 本工程编号为 "结施 05" 的图纸中，轴线 ①-Ⓔ 相交处的 KZ1 的箍筋信息为_____。

4. 在图 3-2 附近抄绘图 3-2，要求：

（1）以美观简洁为主，不考虑混凝土保护层厚度的问题，不考虑线型、线宽等要求，只进行示意性作图。

（2）以 1∶10 的比例绘制，标注尺寸和钢筋信息，绘制过程尽量满足制图规范要求。

工程管理方向试题

施工时，小李将图 3-2 中柱的角筋误认为Φ16，会造成什么影响？

答：

任务二　识读柱列表注写

预　习　单

姓名		学号		班级	
场地		日期		成绩	
任务目的	了解柱，并掌握柱列表注写法				
任务耗材	配套图纸，主教材				

任务调研

1. 柱列表注写法主要表达了柱的哪些内容？

提示：可以对照主教材提供的列表示例进行总结。

答：

2. 截面注写和列表注写相比，各自的优（缺）点是什么？

提示：可以从设计者和使用者的角度来分析其优（缺）点。

答：

实 施 单

姓名		学号	
课堂自评		考核成绩	

实施步骤

1. 平法图集中，柱列表注写法主要表现了柱＿＿＿＿＿＿＿＿＿＿＿＿＿＿等信息。

2. 根据表 3-1，回答下列问题：

（1）XZ1 表示＿＿＿＿＿＿＿＿。

（2）KZ1 总高度为＿＿＿＿＿＿＿＿。

（3）KZ1 截面尺寸数量为＿＿＿＿＿＿＿＿。

（4）KZ1 在 19.470~37.470 段，共有＿＿＿＿＿＿根钢筋。

（5）KZ1 在 19.470~37.470 段，箍筋直径为＿＿＿＿＿＿＿＿。

表 3-1　柱列表示例

柱号	标高/m	$b×h$/mm	b_1/mm	b_2/mm	h_1/mm	h_2/mm	全部纵筋	角筋	b边一侧中部筋	h边一侧中部筋	箍筋类型号	箍筋	备注
KZ1	-0.030~19.470	750×700	375	375	150	550	24⻊25	—	—	—	1(5×4)	Φ10@100/200	
	19.470~37.470	650×600	325	325	150	450	—	4⻊22	5⻊22	4⻊20	1(4×4)	Φ10@100/200	—
	37.470~59.070	550×500	275	275	150	350	—	4⻊22	5⻊22	4⻊20	1(4×4)	Φ8@100/200	
XZ1	-0.030~8.670	—	—	—	—	—	8⻊25					Φ10@100	—

3. 解释下列柱箍筋注写：

（1）⻊8@100/150 ＿＿＿＿＿＿＿＿＿＿＿＿。

（2）⻊10@100 ＿＿＿＿＿＿＿＿＿＿＿＿。

（3）⻊10@100/200（⻊12@100）＿＿＿＿＿＿＿＿＿＿＿＿。

（4）L⻊10@100/150 ＿＿＿＿＿＿＿＿＿＿＿＿。

关联☞知识点一　柱列表注写法解读

4. 本工程编号为"结施 05"的图纸中，轴线①-Ⓔ处 KZ1 的嵌固部位标高为＿＿＿＿＿＿。

关联☞知识点二　柱的嵌固部位

实　训　单

姓名		学号	
实训成绩			

"1+X" 应对试题

根据表3-2回答问题：

1. 用截面法注写时，KZ1全部纵筋可写为_____。

2. 在基础顶~23.070m段，KZ3角筋为_____，b边中部筋为_____，h边中部筋为_____，箍筋为_____。

3. 在23.070~29.070m段，KZ3角筋为_____，b边中部筋为_____，h边中部筋为_____，箍筋为_____。

表3-2　柱施工图示例

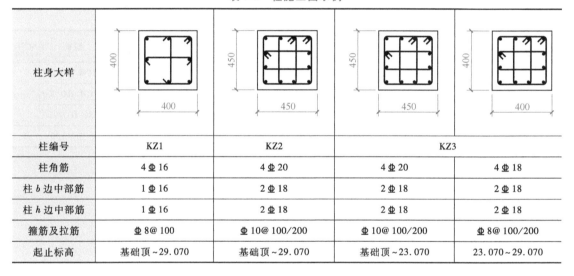

柱身大样				
柱编号	KZ1	KZ2	KZ3	
柱角筋	4Φ16	4Φ20	4Φ20	4Φ18
柱 b 边中部筋	1Φ16	2Φ18	2Φ18	2Φ18
柱 h 边中部筋	1Φ16	2Φ18	2Φ18	2Φ18
箍筋及拉筋	Φ8@100	Φ10@100/200	Φ10@100/200	Φ8@100/200
起止标高	基础顶~29.070	基础顶~29.070	基础顶~23.070	23.070~29.070

工程管理方向试题

根据表3-2，将KZ1和KZ2用截面法注写重新绘制。

答：

KZ1   KZ2

任务三　掌握柱纵筋的连接方式及非连接区

预 习 单

姓名		学号		班级	
场地		日期		成绩	
任务目的	掌握柱纵筋的连接方式及非连接区的构造要求				
任务耗材	配套图纸，主教材，22G101—1图集				

任务调研

1. 柱纵筋的连接方式有哪几种？各自的优（缺）点有哪些？

提示：关键词"施工便利""经济""安全""连接质量"等。

答：

2. 为什么柱内要设置钢筋非连接区？

提示：钢筋连接会破坏钢筋的整体性。

答：

实 施 单

姓名		学号	
课堂自评		考核成绩	

实施步骤

1. 柱纵筋连接方式有_____、_____和_____三种。

2. 本工程中，柱纵筋优先采用_____连接方式。

3. 本工程钢筋机械接头可采用_____和_____形式。

4. 本工程钢筋焊接接头可采用_____等。

关联☞知识点一　柱纵筋的连接方式

5. 如图 3-3 所示，填写尺寸于图中括号内。

注:KZ1，600×650
全部纵筋 20Φ22

焊接连接

图 3-3　柱纵筋非连接区构造（示意）

关联☞知识点二　柱筋的非连接区

实　训　单

姓名		学号	
实训成绩			

"1+X"应对试题

以本工程编号为"结施05"的图纸中，轴线①-Ⓔ处 KZ1 为例，填写首层非连接区计算数值：

（1）KZ1 嵌固部位标高为＿＿＿＿＿＿＿＿。

（2）KZ1 首层层高为＿＿＿＿＿＿＿＿。

（3）经识图，梁高为 500mm，则 KZ1 净高为＿＿＿＿＿＿＿＿。

（4）KZ1 首层底部非连接区长度为＿＿＿＿＿＿＿＿。

（5）KZ1 首层顶部非连接区长度为＿＿＿＿＿＿＿＿。

（6）采用焊接时，KZ1 焊接点错开长度为＿＿＿＿＿＿＿＿。

工程管理方向试题

1. 柱纵筋同一连接区内的受拉钢筋搭接接头面积百分率不宜大于＿＿＿＿＿＿＿＿。若有个别无法实现，需＿＿＿＿＿＿＿＿＿＿＿＿＿＿＿。

2. 搭接范围内箍筋必须＿＿＿＿＿＿＿＿，间距取搭接钢筋较小直径的＿＿＿＿＿＿＿＿＿＿。

3. 小王认为本工程中 KZ1 所有的箍筋都是"$\Phi 8@100/200$"，是否正确？

答：

4. 在同一层中，柱纵筋的连接点最多有几个？

答：

任务四　掌握柱纵筋锚固

预　习　单

姓名		学号		班级	
场地		日期		成绩	
任务目的	掌握柱纵筋锚固的构造				
任务耗材	配套图纸，主教材，22G101—1图集				

任务调研

1. 柱纵筋在基础内的锚固有哪些方式？

提示：要有足够的长度才能保证柱在基础内的锚固。

答：

2. 抄绘主教材中的图3-12和图3-13。

答：

实　施　单

姓名		学号	
课堂自评		考核成绩	

实施步骤

1. 柱在基础内的第一根箍筋距离基础顶_____ mm。

2. 柱在基础内的箍筋至少_____根。

3. 柱在基础内的箍筋间距不得大于_____ mm。

4. 柱纵筋在基础内的锚固弯钩，_____时应取 15d。

5. 柱纵筋在基础内的锚固有哪几种形式？施工时如何选择？

答：

关联☞知识点一　柱纵筋在基础内锚固

6. 柱伸至顶端时，若采用直锚，则直锚长度不得小于_____。

7. 柱纵筋在顶部弯锚时，弯钩取_____。

8. 柱纵筋在顶部的弯钩向外弯折时，板厚不得小于_____。

关联☞知识点二　柱顶纵向钢筋锚固构造

实 训 单

姓名		学号	
实训成绩			

"1+X" 应对试题

1. 以本工程编号为"结施05"的图纸中，轴线①-ⒺE处的 KZ1 为例，完成以下作答：

（1）KZ1 支座构件为_____。

（2）J-1 的混凝土保护层厚度为_____。

（3）J-1 钢筋网片总厚度为_____。

（4）KZ1 纵筋伸至钢筋网的长度 L 为_____。

（5）KZ1 纵筋在基础内的抗震锚固长度 L_{aE} 为_____。

（6）根据 L 和 L_{aE} 的大小对比，KZ1 纵筋在基础内锚固的弯钩长度为_____。

2. 以本工程编号为"结施05"的图纸中，轴线⑥-Ⓑ处的 KZ2 为例，完成以下作答：

（1）KZ2 顶部的最大梁高 H 为_____。

（2）KZ2 在梁内的抗震锚固长度 L_{aE} 为_____。

（3）通过 H 与 L_{aE} 大小的对比，可确定柱纵筋_____（能或不能）直锚。

（4）弯锚时，钢筋伸至柱顶的长度为_____（梁高−混凝土保护层厚度）。

（5）柱纵筋在顶部的弯钩长度为_____。

工程管理方向试题

判断本工程编号为"结施05"的图纸中，轴线⑦-Ⓐ处的 KZ2 纵筋在基础内的锚固方式，并计算锚固长度。

答：

任务五　掌握柱变截面钢筋构造

预　习　单

姓名		学号		班级	
场地		日期		成绩	
任务目的	掌握柱变截面的类型及构造做法				
任务耗材	配套图纸，主教材，22G101—1 图集				

任务调研

1. 梁、柱节点混凝土强度等级怎么确定？

提示：既要考虑施工工艺的要求，也要考虑设计师的要求。

答：

2. 柱为什么要变截面？柱变截面有哪些种类？

提示：主要分析梁和柱、上柱和下柱的位置关系。

答：

实　施　单

姓名		学号	
课堂自评		考核成绩	

实施步骤

1. 柱截面发生变化的原因（根据"预习单"回答）是什么？

答：

2. 判断上柱和下柱钢筋构造做法的依据是＿＿＿＿＿＿＿＿。

3. 若钢筋不断开，则上部弯折点应距离梁顶＿＿＿＿＿＿＿＿。

4. 若钢筋断开，则上柱钢筋需直锚入下柱，锚固长度取＿＿＿＿＿＿＿＿。

5. 如图 3-4 所示，变截面处左侧和右侧的钢筋如何处理？写出判断过程。

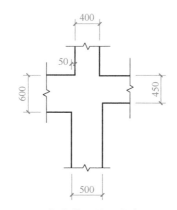

图 3-4　柱变截面绘图轮廓（一）

答：

关联☞知识点　柱变截面的类型

实 训 单

姓名		学号	
实训成绩			

"1+X" 应对试题

1. 若上柱与下柱截面尺寸一致，当下柱钢筋数量较多时，则多出的钢筋自梁底直锚，锚固长度取_____；当上柱钢筋数量较多时，则多出的钢筋自梁顶直锚，锚固长度取_____。

2. 若上柱与下柱截面尺寸一致，钢筋数量也一致，当上柱钢筋直径较大时，需要将上柱钢筋伸至下柱连接；若下柱钢筋直径较大，则需要_____。

3. 设下柱全部纵筋为 8 Φ 16，上柱全部纵筋为 8 Φ 14，箍筋为 "Φ 10@ 100/200"，请在图 3-5 中补充钢筋变截面构造，并标注必要的构造长度。

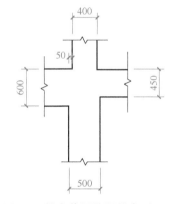

图 3-5 柱变截面绘图轮廓（二）

工程管理方向试题

若图 3-5 中上柱与下柱为右边对齐，下柱边长变更为 600mm，其他信息不变，试着重新绘制变截面图，可直接绘制在图 3-5 右侧。

任务六 掌握顶梁边柱钢筋构造

预　习　单

姓名		学号		班级	
场地		日期		成绩	
任务目的	掌握顶梁边柱和角柱纵向钢筋顶部的构造要求				
任务耗材	配套图纸，主教材，22G101—1图集				

任务调研

1. 如何判定边柱、角柱和中柱？

答：

2. 如何判定柱外侧钢筋和柱内侧钢筋？

答：

实　施　单

姓名		学号	
课堂自评		考核成绩	

实施步骤

1. 边柱和角柱中，外侧纵筋和内侧纵筋的判定条件是什么？

答：

2. 柱内侧纵筋在柱顶如何处理？

答：

3. 边柱或角柱外侧纵筋在顶部的处理方式有＿＿＿＿＿＿＿＿、＿＿＿＿＿＿＿＿、
＿＿＿＿＿＿＿、＿＿＿＿＿＿＿和＿＿＿＿＿＿。

4. "柱插梁"的构造是柱外侧纵筋从梁底开始锚固＿＿＿＿＿＿，或者当柱外侧纵筋
的配筋率大于 1.2% 时锚固＿＿＿＿＿＿。

关联☞知识点一　柱插梁

5. "梁插柱"的构造是梁上部纵筋从柱顶开始锚固＿＿＿＿＿＿，或者当梁上部纵筋
的配筋率大于 1.2% 时锚固＿＿＿＿＿＿。

6. "梁插柱"和"柱插梁"的优（缺）点分别是什么？施工时应该如何选择？

答：

关联☞知识点二　梁插柱

7. 如何理解节点构造组合？纵筋构造为何不能单独选择使用？

答：

关联☞知识点三　其他做法

☞讨论，在施工时，你还知道有哪些工程内容是图纸上未给明，需要施工人员进行现场
判定的？

实　训　单

姓名		学号	
实训成绩			

"1+X"应对试题

1．抗震框架顶梁边柱节点处的柱外侧纵筋伸入梁内，柱外侧纵向钢筋配筋率大于（　　　）时，需分两批截断。

A．0.5%　　　　B．1.0%　　　　C．1.2%　　　　D．1.5%

2．柱顶角部附加钢筋总长度为_____。

3．设纵筋直径为 d，内侧纵筋在柱顶弯折时的加工半径为_____；外侧钢筋在柱顶弯折时的加工半径为_____。

4．补绘本工程编号为"结施05"的图纸中，轴线⑥-Ⓓ处 KZ2 柱顶纵筋构造图，完成图3-6，要求如下：

（1）采用"柱插梁"的方式注写。

（2）标注柱筋信息。

（3）标注梁和柱必要的构造尺寸。

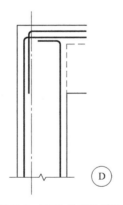

图 3-6　KZ2 柱顶构造图

工程管理方向试题

施工时，工作人员疏忽了柱外侧纵筋，全部按内侧纵筋进行处理，这对柱会产生什么影响？

答：

任务七　柱箍筋计算

预　习　单

姓名		学号		班级	
场地		日期		成绩	
任务目的	掌握柱箍筋加密区的构造要求，学会计算箍筋根数				
任务耗材	配套图纸，主教材，22G101—1 图集				

任务调研

1. 柱的箍筋为何有加密和非加密一说？

提示：联系柱纵筋非连接区的构造要求。

答：

2. 100m 长的马路，每隔 3m 种一棵树，路的每侧一共能种几棵树？

答：

实 施 单

姓名		学号	
课堂自评		考核成绩	

实施步骤

1. 柱根箍筋加密区长度取_____。

2. 除了柱根，其他区域的柱箍筋加密区长度取_____。

关联☞知识点一　抗震框架柱箍筋加密区

3. 本工程编号为"结施05"的图纸中，轴线①-Ⓔ处 KZ1 首层箍筋的根数为多少？

答：

关联☞知识点二　柱箍筋根数计算

☞讨论，你知道什么叫箍筋分离图吗？你知道什么叫下料吗？

4. 根据箍筋布置的原则，补绘图 3-7。箍筋组合类型为 4×4。

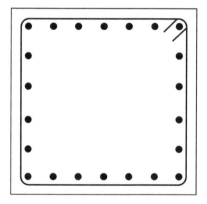

图 3-7　柱截面轮廓

实　训　单

姓名		学号	
实训成绩			

"1+X" 应对试题

某框架结构，梁高均为 650mm，其他信息如下：

编号	起止标高/m	层号	柱尺寸/mm	箍筋信息
KZ1	−0.500~3.100	首层	450×550	⏀ 10@ 100/200
	3.100~6.400	二层	450×500	⏀ 10@ 100/200

计算此柱箍筋的根数。

答：

工程管理方向试题

小李同学计算完上题后，发现标高 0.300m 处楼地面为大理石板，小李同学认为此地面为刚性地面，于是重新计算了上题中的箍筋数量。你认为小李同学需要这样做吗？按照小李同学的做法，箍筋根数应该是多少？

答：

任务八　柱模块综合实训

姓名		学号	
实训成绩			

一、单项选择题（每题3分，共30分）

1. 图3-8中，轴线①-Ⓐ处 KZ1 的错误在于（　　）。

A. 尺寸不一致　　　　　　　　B. 纵筋表示错误

C. 箍筋表示错误　　　　　　　D. 注写有遗漏

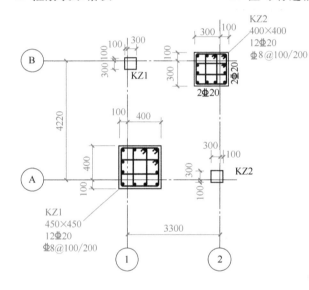

基础顶～18.350柱定位图

	结构层楼面标高		
6	18.350	—	
5	14.750	—	
4	11.150	—	C30
3	7.550	—	
2	3.670	—	
1	−0.500	嵌固部位	
层号	标高/m	层高/m	柱混凝土强度

图 3-8　柱模块综合实训图（一）

2. 图3-8中，轴线②-Ⓑ处 KZ1 的错误在于（　　）。

A. 尺寸不一致　　　　　　　　B. 纵筋表示错误

C. 箍筋表示错误　　　　　　　D. 注写有遗漏

3. 图3-8中，首层结构层的层高为（　　）m。

A. 3.670　　　　　B. 4.170　　　　　C. 3.170　　　　　D. 需要知道梁高后才能判断

4. ⏀10@100/200（⏀12@100），括号内表示（　　）。

A. 梁、柱节点区箍筋　　　　　B. 加密区箍筋

C. 此柱箍筋全高加密　　　　　D. 错误注写方式

5. 4×4复合箍筋是由（　　）根钢筋加工组合而成的。

A. 2　　　　　B. 3　　　　　C. 4　　　　　D. 5

6. 柱内纵筋净间距不得小于（　　）。

A. 30 B. 50

C. 3d（d 为纵筋直径较大值） D. 5d

7. 同一连接区内柱纵筋接头面积百分率不宜大于（　　）%。

A. 25 B. 50 C. 100 D. 没有要求

8. 同一连接区内的柱纵筋应相互错开，错开间距为（　　）。

A. 500 B. 35d

C. max(500,35d) D. 应根据连接方式来判定

9. 柱顶角部附加钢筋直径不得小于（　　）。

A. 10 B. 12 C. 15 D. 柱外侧纵筋直径

10. 中柱纵筋在柱顶处的弯钩长度为（　　）。

A. 10d B. 12d C. 15d D. 20d

二、多项选择题（每题 5 分，共 15 分，漏选得 1 分）

11. 柱平法注写包括（　　）。

A. 列表注写方式 B. 平面注写法

C. 截面注写法 D. 集中注写法

E. 剖面注写法

12. 用同一编号命名柱，需满足（　　）。

A. 各段截面尺寸一致 B. 各段纵筋信息一致

C. 柱总高度一致 D. 截面与轴线关系一致

E. 各段箍筋信息一致

13. 下列柱的描述错误的是（　　）。

A. 柱纵筋可以全部直锚进基础内 B. 柱内箍筋均应有加密区和非加密区

C. 柱内箍筋对纵筋可"隔二拉一" D. 柱的支座只能是基础

E. 柱内纵筋均受拉

三、计算题（本题 35 分）

如图 3-9 所示，计算 KZ1 内箍筋根数。

答：

柱表			
截面	400 × 400	400 × 400	600 × 400
编号	KZ1	KZ2	
标高	−0.500～7.550	−0.500～3.670	3.670～7.550
纵筋	8Φ16	8Φ16	4Φ16+4Φ14
箍筋	Φ8@100/200	Φ8@100/200	Φ8@100/200

结构层楼面标高			
—	7.550	—	
2	3.670	—	C30
1	基础顶	—	
层号	标高/m	层高/m	柱混凝土强度

柱下独立基础编号均为DJ$_p$-1,基础底标高为−1.000m,共两阶("300/300");基础边长均为2500mm;底部纵筋为"Φ14@120";混凝土强度等级为C35,混凝土保护层厚度为40mm;结构为框架抗震二级

图 3-9　柱模块综合实训图（二）

四、绘图题（本题 20 分）

根据上述计算题配套信息，补绘图 3-10 基础轮廓。绘制要求：不考虑比例问题，图形美观即可；绘制柱纵筋，并注明必要的信息和尺寸；绘制柱箍筋，并注明必要的信息和尺寸；补绘基础和柱的轮廓尺寸。

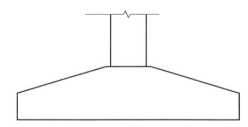

图 3-10　柱模块综合实训图（三）

模块四　梁识读及钢筋构造

任务一 识读梁平面注写

预 习 单

姓名		学号		班级	
场地		日期		成绩	
任务目的	了解梁的类型，掌握梁平面注写法				
任务耗材	配套图纸，主教材，22G101—1图集				

任务调研

1. 列举梁的类型。

提示：关键词"材料""受力特点""作用""支座关系"等。

答：

2. 梁内钢筋有哪些？

提示：想一想梁受力后的变形特征。

答：

实 施 单

姓名		学号	
课堂自评		考核成绩	

实施步骤

1. 在框架结构里，房间内人的重量是如何传到地基的？

答：

2. 解释下列符号：

KL7（2A）表示_____、KBL 表示_____、WKL1（4B）表示_____、KZL 表示_____、TZL 表示_____、Lg5（3）表示_____、XL 表示_____、JZL 表示_____。

关联☞知识点一 梁的类型

3. 平面注写法包括哪些内容？

答：

关联☞知识点二 梁的平面注写方式

4. 梁集中标注中，五个必注项为_____、_____、_____、_____和_____，一个选注项为_____。

5. 解释下列注写。

（1）"300×600 Y50×100"：

（2）"PY100×150"：

（3）"250×450/600"：

（4）"φ10@ 100/200（2）"：

（5）"φ10@ 100（3）/150（2）"：

（6）"11 φ10@ 150/200（4）"：

（7）纵筋注写为"2 φ22+（2 φ12）"：

（8）"3 φ22;3 φ20"：

（9）"N4 φ12"：

6. 某结构标准层的楼面标高分别为 44.950m 和 48.250m，当这两个标准层中某梁的梁顶面标高高差注写为"（-0.050）"时，即表明该梁顶面标高分别相对 44.950m 和 48.250m 低_____ m。

关联☞知识点三 集中标注

7. 梁平面注写中的原位标注有哪些内容？

答：

8. 当梁的集中标注和原位标注出现冲突时，应如何处理？

答：

关联☞知识点四　原位标注

实 训 单

姓名		学号	
实训成绩			

"1+X" 应对试题

某梁平面注写如图 4-1 所示，试完成作答：

（1）KL1（2A）表示＿＿＿＿＿＿＿＿＿＿＿＿＿＿＿。

（2）"300×600" 表示＿＿＿＿＿＿＿＿＿＿＿＿＿＿＿＿。

（3）箍筋有＿＿＿＿＿＿＿＿＿＿＿＿＿＿。

（4）左跨梁下部纵筋为＿＿＿＿＿＿＿＿＿＿＿＿＿＿。

（5）左跨梁箍筋为＿＿＿＿＿＿＿＿＿＿＿＿＿＿。

（6）左跨梁上部右端支座负筋为＿＿＿＿＿＿＿＿＿＿＿＿＿。

（7）左跨梁顶标高比结构标高＿＿＿＿＿＿＿＿＿＿＿＿。

（8）右跨梁箍筋为＿＿＿＿＿＿＿＿＿＿＿＿＿＿。

（9）右跨梁上部通长筋为＿＿＿＿＿＿＿＿＿＿＿＿＿＿。

（10）右跨梁下部纵筋为＿＿＿＿＿＿＿＿＿＿＿＿＿＿。

（11）悬挑端梁截面尺寸为＿＿＿＿＿＿＿＿＿＿＿＿＿＿。

（12）悬挑端梁侧向钢筋为＿＿＿＿＿＿＿＿＿＿＿＿＿＿。

（13）悬挑端梁下部纵筋为＿＿＿＿＿＿＿＿＿＿＿＿＿＿。

（14）悬挑端梁顶标高与结构标高高差为＿＿＿＿＿＿＿＿＿＿＿＿＿＿＿。

（15）悬挑端梁箍筋为＿＿＿＿＿＿＿＿＿＿＿＿＿＿。

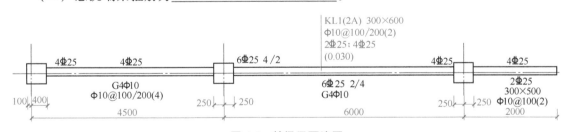

图 4-1 某梁平面注写

工程管理方向试题

如图 4-1 所示，小王在识读时，发现左跨左侧支座负筋标注被涂染，已无法识读，小王根据所学知识，认为此处标注应该是 4Φ25，并以此进行施工，小王的做法是否恰当？

答：

任务二　识读梁截面注写

预　习　单

姓名		学号		班级	
场地		日期		成绩	
任务目的	掌握梁截面注写法的内容				
任务耗材	配套图纸，主教材，22G101—1图集				

任务调研

1. 梁截面注写法的内容是什么？

答：

2. 试分析梁截面注写法和平法注写法的同异。

答：

实 施 单

姓名		学号	
课堂自评		考核成绩	

实施步骤

1. 简述梁截面注写法。

答：

关联☞知识点一 截面注写方式

2. 图 4-2 中 1—1 和 2—2 截面是否绘制准确？

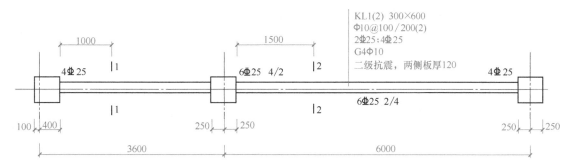

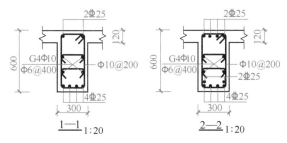

图 4-2 梁截面注写方式

答：

关联☞知识点二 梁截面绘制

☞讨论，要想画好梁的截面图，你认为是知识储备重要、速度重要、美术功底重要还是细心更重要？

实 训 单

姓名		学号	
实训成绩			

"1+X" 应对试题

1. 抄绘图 4-3。

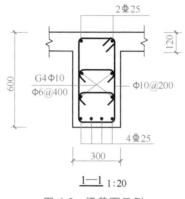

图 4-3 梁截面示例

答：

2. 如图 4-4 所示，将图中的"1500"改为"1000"，绘制 2—2 断面（可参考图 4-2）。

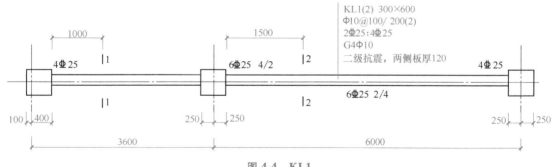

图 4-4 KL1

绘制要求：绘图比例为 1：20；板厚为 120mm；绘制梁板轮廓并注明尺寸；绘制梁内钢筋并注明尺寸。

答：

3. 制作一个"梁截面绘制"的评分标准，满分 10 分。

答：

任务三 掌握梁上部纵筋构造

预 习 单

姓名		学号		班级	
场地		日期		成绩	
任务目的	掌握梁上部纵向钢筋的连接长度及位置				
任务耗材	配套图纸，主教材，22G101—1 图集				

任务调研

1. 了解单跨超静定梁在均布荷载下的弯矩图。

提示：既可以在互联网上找一个典型案例进行抄绘，也可以回顾一下建筑力学知识。

答：

2. 梁上部纵筋有哪几种？分别有什么作用？

提示：钢筋和构件变形（弯矩）相关。

答：

实 施 单

姓名		学号	
课堂自评		考核成绩	

实施步骤

1. 梁上部纵筋有_____、_____和_____三种。

2. 梁支座负筋沿柱边跨内伸出长度取_____。

3. 22G101—1图集中的梁符号 L_n 是指_____。

4. 架立筋的作用是什么？

答：

5. 架立筋和支座负筋的搭接长度为_____。

6. 上部通长筋若需要连接，则连接点可位于_____。

关联☞知识点一　梁上部纵筋构造

7. 梁上部纵筋在柱内的锚固长度如何计算？

答：

关联☞知识点二　梁上部纵筋锚固

实 训 单

姓名		学号	
实训成绩			

"1+X"应对试题

1. 如图 4-5 所示，关于Ⓐ轴 KL22（2）说法错误的是（　　）。

A. 中间支座左侧支座负筋为"10 ⱷ 22 5/5"

B. "5/5"是指钢筋两排布置

C. ②轴处第一排支座负筋左侧跨内长度为 2534mm

D. ②轴处第一排支座负筋右侧跨内长度为 3067mm

2. 如图 4-5 所示，关于Ⓐ轴 KL22（2）在 3 轴处支座负筋说法错误的是（　　）。

A. 共 7 根钢筋

B. 分两排设置

C. 第一排支座负筋为"3 ⱷ 22"

D. 第二排支座负筋跨内长度为 2300mm

3. 如图 4-5 所示，KL22 上部纵筋若采用绑扎连接，那么连接长度取（　　）mm。

A. 960

B. 1065

C. 1120

D. 1232

工程管理方向试题

1. 施工员小马发现图 4-5 中 KL22 左侧支座负筋标注缺失，他认为在没有原位标注的情况下可以执行集中标注，于是以"3 ⱷ 22"进行施工。请问小马的做法是否正确？说明原因？

答：

2. 计算图 4-5 中 KL22 在最右侧支座内的钢筋锚固长度。混凝土保护层厚度取 30mm，柱箍筋直径为 10mm，柱纵筋直径为 28mm。

答：

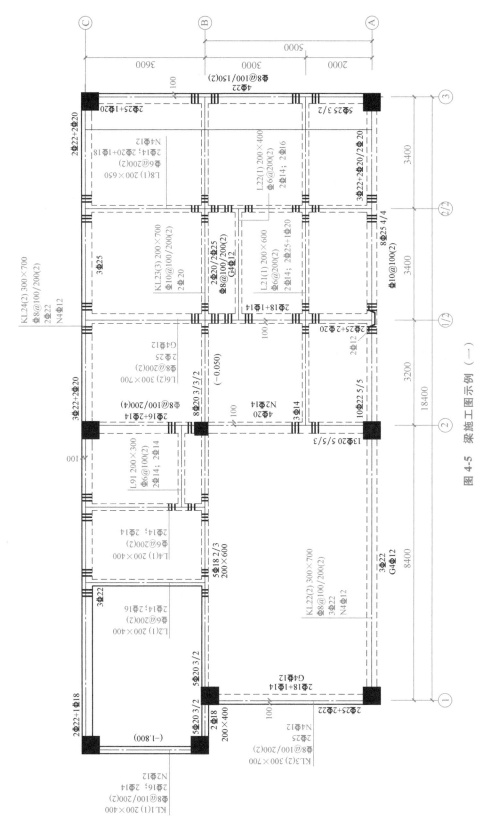

图 4-5 梁施工图示例（一）

任务四 掌握梁下部纵筋构造

预 习 单

姓名		学号		班级	
场地		日期		成绩	
任务目的	掌握梁下部纵向钢筋的构造				
任务耗材	配套图纸，主教材，22G101—1 图集				

任务调研

1. 梁下部纵筋有哪些种类？分别起到什么作用？

答：

2. 梁纵筋为什么要设置多排？梁下部纵筋为什么可不伸入支座内？

提示：关键词"纵筋间距""钢筋密度"。

答：

实 施 单

姓名		学号	
课堂自评		考核成绩	

实施步骤

1. 梁下部纵筋连接点位于_____。

2. 梁下部纵筋连接长度取_____。

关联☞知识点一 梁下部纵筋连接

3. 梁下部纵筋在边支座内的锚固长度取_____。

4. 梁下部纵筋在中间支座内的锚固长度取_____。

关联☞知识点二 梁下部纵筋锚固

5. 梁下部纵筋可否不伸入柱内？为什么（根据"预习单"回答即可)？

实 训 单

姓名		学号	
实训成绩			

"1+X" 应对试题

1. 关于 KL22（2）说法正确的是（　　　）。

A. 轴线②-③跨下部纵筋为 "G4 Φ 12"

B. 轴线③-④跨下部纵筋为 "4 Φ 25"

C. 此梁下部纵筋两跨可以贯通，用 C25 混凝土施工

D. 集中标注里没注写梁下部纵筋

2. 设梁、柱混凝土强度等级均为 C30，框架抗震二级，混凝土保护层厚度均为 25mm，柱箍筋为 "Φ 10@ 100/200"，柱全部纵筋为 "16 Φ 25"。试求 KL22 下部纵筋的工程量，写明过程并填写表 4-1。

表 4-1　KL22 下部纵筋工程量

钢筋序号	钢筋描述	钢筋型号	单根钢筋长度/ mm	钢筋根数	汇总长度/ m
1	左跨下部纵筋				
2	右跨下部纵筋				

答：

工程管理方向试题

梁纵筋在边支座布置时，可能因为梁高较低，使上部纵筋和下部纵筋的弯钩重叠，如果要解决这个问题，可如何处理？

答：

任务五　掌握梁侧向钢筋构造

预　习　单

姓名		学号		班级	
场地		日期		成绩	
任务目的	掌握梁腰筋及拉筋的构造				
任务耗材	配套图纸，主教材，22G101—1 图集				

任务调研

1. 简述梁内各类腰筋的作用。

提示：考虑梁的变形和安全。

答：

2. 简述梁内拉筋的作用。

答：

实 施 单

姓名		学号	
课堂自评		考核成绩	

实施步骤

1. 梁侧向钢筋有＿＿＿＿＿＿＿和＿＿＿＿＿＿＿两种。

2. 梁侧何时设置构造腰筋？

答：

3. 梁侧何时设置抗扭腰筋？

答：

关联☞知识点一 腰筋构造要求

4. 梁构造腰筋锚固在柱内的长度为＿＿＿＿＿＿＿d，d 是指＿＿＿＿＿＿＿。

关联☞知识点二 腰筋的计算

☞讨论，对于腰筋，你还能列举几个有趣的钢筋命名吗？（例如，扁担筋）

5. 梁内拉筋直径有＿＿＿＿＿＿＿和＿＿＿＿＿＿＿两种。

6. 梁内拉筋直径选取的要求是＿＿＿＿＿＿＿＿＿＿＿＿＿＿＿＿＿＿＿＿＿＿＿。

关联☞知识点三 拉筋

实 训 单

姓名		学号	
实训成绩			

"1+X" 应对试题

如图 4-1 所示，计算梁侧钢筋工程量，写明过程并填写表 4-2。

表 4-2 梁侧钢筋工程量

钢筋序号	钢筋描述	钢筋型号	单根钢筋长度/mm	钢筋根数	汇总长度/m
1	左跨侧向钢筋				
2	右跨侧向钢筋				

答：

任务六　梁箍筋计算

预　习　单

姓名		学号		班级	
场地		日期		成绩	
任务目的	掌握梁箍筋的加密区长度及数量计算				
任务耗材	配套图纸，主教材，22G101—1图集				

任务调研

1. 梁箍筋加密区有哪些部位？其分布长度和什么有关？

答：

2. 梁箍筋边长以钢筋内皮、中心线还是外皮计算？原因是什么？

答：

实 施 单

姓名		学号	
课堂自评		考核成绩	

实施步骤

1. 梁加密区长度跟＿＿＿＿＿和＿＿＿＿＿有关。

2. 弧形梁加密区长度如何计算？

答：

3. 梁净跨长 L_n 怎么计算？

答：

关联☞知识点一 框架梁箍筋加密区长度

4. "KL1 300×650"，净跨长 $L_n=3000$mm，二级抗震，箍筋 "Φ10@100/200（4）"，请计算此梁在此跨中箍筋的根数。

答：

关联☞知识点二 梁箍筋根数计算

5. 若上题中混凝土保护层厚度为25mm，上部纵筋为 "4Φ20"，下部纵筋为 "4Φ20"，则 KL1 单根箍筋长度为多少？

答：

关联☞知识点三 梁箍筋单根长度计算

实　训　单

姓名		学号	
实训成绩			

"1+X" 应对试题

计算图 4-1 中的箍筋工程量，设抗震等级为一级抗震、混凝土保护层厚度取 20mm。

答：

任务七　掌握非框架梁钢筋构造

预　习　单

姓名		学号		班级	
场地		日期		成绩	
任务目的	掌握非框架梁的钢筋构造，学会计算非框架梁的钢筋工程量				
任务耗材	配套图纸，主教材，22G101—1图集				

任务调研

1. 简述框架梁和非框架梁的区别。

提示：关键词"主梁""次梁""抗震""非抗震""支座的作用""构件的作用"等。

答：

2. 连梁、连系梁、非框架梁和圈梁有什么区别？

提示：关键词"支座""位置"等。

答：

实 施 单

姓名		学号	
课堂自评		考核成绩	

实施步骤

1. 平法中，非框架梁用_____符号表示。

2. 非框架梁支座是_____。

3. 框架梁和非框架梁的区别有哪些（按"预习单"回答）？

答：

关联☞知识点一 非框架梁

4. 非框架梁支座负筋的锚固长度为_____。

5. 非框架梁下部纵筋在支座内的锚固长度为_____。

6. 非框架上部纵筋的连接长度为_____。

关联☞知识点二 非框架梁钢筋构造

实　训　单

姓名		学号	
实训成绩			

"1+X"应对试题

识读图 4-6，回答以下问题：

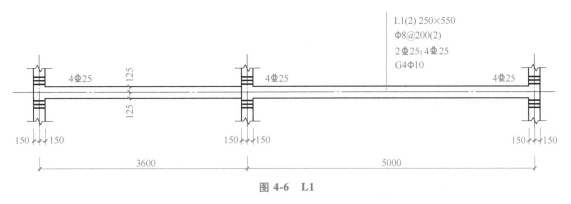

图 4-6　L1

（1）计算 L1 箍筋根数，设混凝土强度等级为 C30，抗震等级为一级抗震。

（2）计算 L1 下部纵筋工程量。

（3）计算 L1 侧向纵筋工程量。

答：

任务八 掌握悬挑梁钢筋构造

预 习 单

姓名		学号		班级	
场地		日期		成绩	
任务目的	掌握悬挑梁的识读，了解其钢筋构造				
任务耗材	配套图纸，主教材，22G101—1 图集				

任务调研

1. 悬挑梁的作用有哪些？

提示：既可以从空间角度考虑，也可从受力变形角度考虑。

答：

2. 悬挑梁施工时应注意的事项有哪些？

提示：既可以查询互联网，也可在施工说明中查找相关内容。

答：

实 施 单

姓名		学号	
课堂自评		考核成绩	

实施步骤

识读图 4-7，回答以下问题：

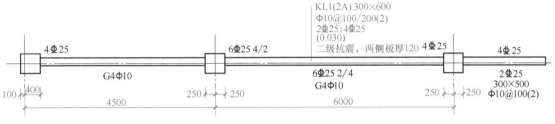

图 4-7 KL1（2A）

1. 悬挑梁有＿＿＿＿＿＿个支座。

2. 一端悬挑，在集中标注中用＿＿＿＿＿＿表示。

3. 图中，悬挑端的梁截面尺寸为＿＿＿＿＿；悬挑端的上部纵筋为＿＿＿＿＿；悬挑端的下部纵筋为＿＿＿＿＿；悬挑端的箍筋为＿＿＿＿＿。

关联☞知识点一 悬挑梁识读

4. 悬挑梁下部纵筋在支座内的锚固长度取＿＿＿＿＿。

5. 从与相邻梁的关系可以看出，悬挑梁有＿＿＿＿＿和＿＿＿＿＿两种，所以其钢筋构造也不同。

关联☞知识点二 悬挑梁钢筋构造

实 训 单

姓名		学号	
实训成绩			

"1+X"应对试题

识读图 4-8，回答下列问题：

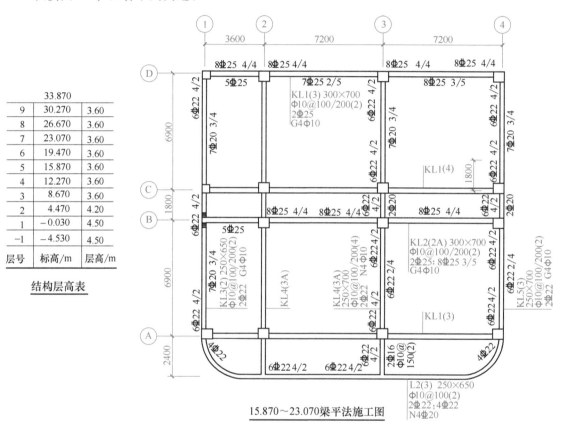

结构层高表

层号	标高/m	层高/m
	33.870	
9	30.270	3.60
8	26.670	3.60
7	23.070	3.60
6	19.470	3.60
5	15.870	3.60
4	12.270	3.60
3	8.670	3.60
2	4.470	4.20
1	−0.030	4.50
−1	−4.530	4.50

15.870~23.070梁平法施工图

图 4-8 梁施工图示例（二）

1. KL2 悬挑端上部纵筋为＿＿＿＿＿＿＿。

2. KL2 悬挑端箍筋的注写是否正确？说明原因。

答：

3. KL2 悬挑端下部纵筋为＿＿＿＿＿＿＿＿＿。

4. KL2 悬挑端是否有腰筋？说明识读原则。

答：

5. KL2 悬挑端的梁截面尺寸为＿＿＿＿＿＿＿＿＿。

6. 若 KL2 有悬挑端，KL3 附加箍筋的设置有无问题？

答：

7. 计算 KL2 悬挑端下部纵筋的长度，设混凝土保护层厚度为 25mm。

答：

任务九 梁模块综合实训

姓名		学号	
实训成绩			

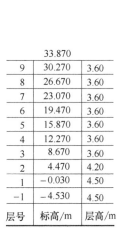

9	30.270	3.60
8	26.670	3.60
7	23.070	3.60
6	19.470	3.60
5	15.870	3.60
4	12.270	3.60
3	8.670	3.60
2	4.470	4.20
1	−0.030	4.50
−1	−4.530	4.50
层号	标高/m	层高/m

33.870

结构层高表

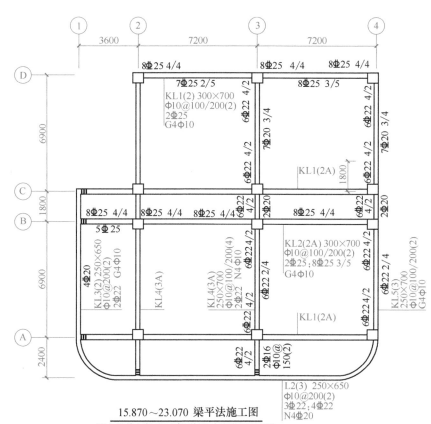

15.870～23.070 梁平法施工图

梁中线均与轴线对齐,柱尺寸皆为400×400

图 4-9 梁模块综合实训（一）

本实训满分 100 分，参考图 4-9 作答。

一、单项选择题（每题 3 分，共 45 分）

1. 下列梁注写没有错误的是（　　）。

A. ③轴 KL4

B. ⑧轴 KL2

C. ④轴 KL5

D. L2

2. 框架梁边支座为框架梁时，说法正确的是（　　）。

A. 不算跨数

B. 箍筋不加密

C. 上部纵筋锚固方式与支座为柱时不同

D. 下部纵筋锚固方式与支座为柱时相同

3. 关于①轴 KL1 说法错误的是（　　　）。

A. 上部只有 2 根钢筋贯通

B. 梁下部纵筋可贯通时应尽量贯通

C. 拉筋直径为 8mm

D. 梁截面没有发生变化

4. 二级抗震，柱宽 400mm，钢筋居中放置，则①轴 KL1 箍筋根数为（　　　　）。

A. 44　　　　　　　B. 45　　　　　　　C. 88　　　　　　　D. 90

5. 梁上部纵筋注写为"4 Φ 28"，则净间距不得小于（　　　）mm。

A. 25　　　　　　　B. 28　　　　　　　C. 30　　　　　　　D. 42

6. 关于梁注写说法错误的是（　　　）。

A. 轴线未居中的梁，必须注明其偏心定位尺寸

B. 原位标注和集中标注冲突时，以原位标注优先

C. 悬挑梁不必计入跨数

D. JZL 为基础主梁

7. 梁集中标注里，（　　　）项不是必注的。

A. 梁编号

B. 梁截面尺寸

C. 腰筋

D. 梁顶面标高高差

8. 梁腹高 ≥（　　　）mm 时设构造腰筋。

A. 300　　　　　　　B. 450　　　　　　　C. 800　　　　　　　D. 可不设置

9. 关于附加箍筋说法错误的是（　　　）。

A. 为强化主梁，应设置在次梁两侧

B. 既可统一标注，也可在原位注写

C. 附加箍筋的型号等同于主梁箍筋

D. 附加箍筋间距一般为 50mm

10. 架立筋于梁支座负筋的搭接长度取（　　　）。

A. 150mm　　　　　B. 15d　　　　　　C. L_{lE}　　　　　　D. L_{aE}

11. 框架梁第一排支座负筋在跨内的延伸长度为（　　　）。

A. $L_n/3$　　　　　B. $L_n/4$　　　　　C. 500mm　　　　　D. 35d

12. 框架梁上部纵筋在同一连接区内，连接接头面积百分率不得大于（　　　）。

A. 25%　　　　　　B. 50%　　　　　　C. 100%　　　　　　D. 不作要求

13. 关于框架梁，下列说法错误的是（　　　）。

A. 梁在支座内可直锚，锚固长度取 L_{aE} 且过支座中线

B. 梁变截面处，钢筋既可直锚也可弯锚

C. 梁变截面处钢筋构造做法，由 $\Delta_h/(h-50)$ 和 1/6 比较决定

D. 梁变截面处，梁上部纵筋和梁下部纵筋构造做法应一致

14. 框架梁箍筋加密区长度和（   ）无关。

A. 梁高　　　　　　B. 抗震等级　　　　C. 梁支座类型　　　D. 梁净跨长

15. 梁内拉筋说法错误的是（   ）。

A. 有腰筋时才设置

B. 直径和梁宽有关

C. 间距为加密区间距的 2 倍

D. 拉筋既可同时勾住箍筋和腰筋，也可只勾其中一个

二、绘图题（本题 55 分）

绘制图 4-10 中的 1—1、2—2、3—3、4—4 和 5—5 截面，设抗震等级为二级抗震，板厚均取 120mm。其他绘制要求：

（1）按 1：20 绘制。

（2）绘制轮廓并标注尺寸。

（3）本层结构标高为 3.000m，标注梁顶标高。

（4）绘制梁内所有钢筋，并注明信息。

（5）图名取截面名称。

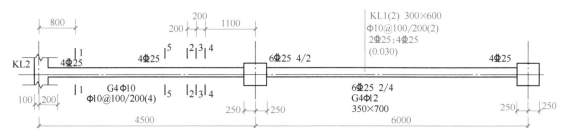

图 4-10　梁模块综合实训（二）

答：

模块五　板识读及钢筋构造

任务一　识读板平法注写

预　习　单

姓名		学号		班级	
场地		日期		成绩	
任务目的	掌握板的平法注写				
任务耗材	配套图纸，主教材，22G101—1图集				

任务调研

1. 楼板有哪些类型？

提示：关键词"材料""位置""形状""作用""变形特点"等。

答：

2. 楼板内钢筋有哪些？分别有什么作用？

提示：钢筋对应的是因弯矩而产生的变形，或者由某些原因引起的混凝土开裂。

答：

实　施　单

姓名		学号	
课堂自评		考核成绩	

实施步骤

1. 按支座类型，楼板可分为＿＿＿＿＿＿和＿＿＿＿＿＿；按施工方法，楼板可分为＿＿＿＿＿＿和＿＿＿＿＿＿；按位置，楼板可分为＿＿＿＿＿＿、＿＿＿＿＿＿和＿＿＿＿＿＿。

2. 简述单向板和双向板的区别。

答：

关联☞知识点一　板的种类

☞讨论，查询互联网，或者调研身边的建筑，举例板的几种类型，你认为什么样的板最好。

3. 板内钢筋主要有＿＿＿＿＿＿、＿＿＿＿＿＿和＿＿＿＿＿＿。

4. 简述板内钢筋的作用（可按"预习单"回答）。

答：

关联☞知识点二　板内钢筋类别

5. 简述板集中标注的内容。

答：

6. 有一楼面板块注写为：LB5　$h=110$

　　B：X Φ 10/12@ 100；Y Φ 10@ 110

试对上述注写进行解析。

答：

7. 简述板原位标注的内容。

答：

关联☞知识点三　板平法注写规则

实 训 单

姓名		学号	
实训成绩			

识读图 5-1，完成下列作答：

1. 解释下列符号：

LB 表示_____；XB 表示_____；WB 表示_____。

2. LB1 板厚为_____，底部纵筋为_____。

3. "B：X&YΦ8@150" 表示_____。

4. 支座负筋共有_____种。

5. LB2 是_____（单向板还是双向板）。

工程管理方向试题

1. 图 5-1 中，若轴线①-②-ⓒ-ⓓ围成的 LB1 的板顶标高比结构标高低 0.050m，在图上应如何表现？

答：

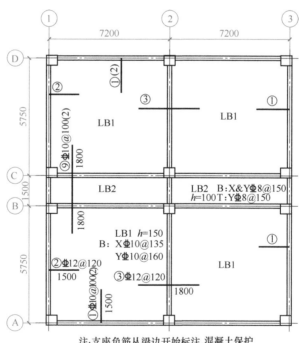

注：支座负筋从梁边开始标注。混凝土保护层厚度为20，梁宽均为250，钢筋居中放置。

图 5-1 板实训题（一）

2. 应甲方要求，图 5-1 中的支座处不再设置负筋，所有楼板底部双向钢筋均为 "Φ10@150"，顶部双向钢筋均为 "Φ8@150"，那么施工图纸应如何修改，将修改内容绘制在图 5-2 上。

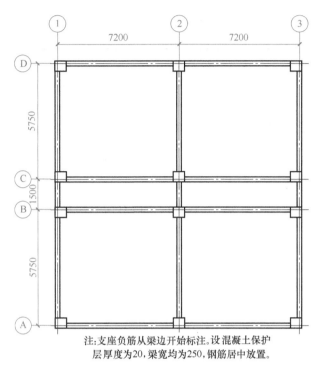

注：支座负筋从梁边开始标注。设混凝土保护
层厚度为20，梁宽均为250，钢筋居中放置。

图 5-2　板实训题（二）

任务二 掌握板钢筋构造

预 习 单

姓名		学号		班级	
场地		日期		成绩	
任务目的	掌握板内钢筋的构造				
任务耗材	主教材，材料课程教材，22G101—1 图集				

任务调研

1. 板支座负筋的锚固长度和梁边支座锚固长度有何不同？

答：

2. 板内温度筋、抗裂钢筋在哪里设置？其作用是什么？

答：

实 施 单

姓名		学号	
课堂自评		考核成绩	

实施步骤

1. 板的支座一般有_____。

2. 板上部纵筋在边支座内的水平直锚段长度取_____，弯钩取_____。

3. 板下部纵筋在边支座内的锚固长度取_____。

4. 当梁足够宽时，板上部纵筋可否直锚？

答：

关联☞知识点一　板纵筋边支座锚固

5. 板中间支座负筋在跨内的延伸长度如何取值？

答：

6. 板下部纵筋在中间支座内的锚固长度取_____。

7. 板上部纵筋连接区位于_____，连接长度取_____。

8. 支座负筋分布筋和支座负筋的搭接长度取_____。

9. 板面分布筋和支座负筋的搭接长度取_____。

10. 若板面分布筋为温度分布筋，则和支座负筋的搭接长度取_____。

关联☞知识点二　板中间支座负筋构造及连接

实 训 单

姓名		学号	
实训成绩			

"1+X" 应对试题

如图 5-1 所示，设梁居中布置，梁尺寸为"300mm×650mm"，上部纵筋为"2 ⊈ 25"，箍筋为"⊈8@ 100/200（2）"，混凝土保护层厚度为 25mm，回答下列问题：

1. 板第一根纵筋距离支座边_____。

2. 计算轴线①-②-Ⓐ-Ⓑ围成的 LB1 的钢筋工程量，写明计算过程并填写表 5-1。

表 5-1　图 5-1 钢筋工程量

钢筋序号	钢筋描述	钢筋型号	单根钢筋长度/mm	钢筋根数	汇总长度/m
1	底部 x 向				
2	底部 y 向				
3	①号负筋				
4	②号负筋				
5	③号负筋				
6	⑨号负筋				

任务三 板模块综合实训

姓名		学号	
实训成绩			

识读"课堂图纸"中"结施11"图纸进行以下作答：

一、单项选择题（每题 6 分，共 30 分）

1. 1 号板在平法中可用（   ）注写。

A. LB1   B. XB1   C. WB1   D. B1

2. 阴影区的板顶标高为（   ）m。

A. 2.150   B. 2.180   C. 2.100   D. 2.130

3. 1 号板板厚为（   ）mm。

A. 100   B. 110   C. 120   D. 130

4. 1 号板底部 x 向配筋为（   ）。

A. Φ 8@ 200   B. Φ 8@ 150   C. Φ 10@ 200   D. Φ 10@ 150

5. 关于本图中楼板的说法正确的是（   ）。

A. 板抗震等级为三级

B. 楼板结构环境类别均为一类

C. 采用了对称注写方式

D. 楼板支座均为梁

二、计算题（本题 70 分）

计算图纸中 13 号板和 8 号板下部纵筋的工程量（板下部纵筋按非贯通处理）。

答：

模块六　剪力墙识读及钢筋构造

任务一　了解剪力墙结构

预　习　单

姓名		学号		班级	
场地		日期		成绩	
任务目的	了解剪力墙结构，熟悉剪力墙结构的特点				
任务耗材	配套图纸，主教材，22G101—1 图集				

任务调研

1. 列举一例我国剪力墙结构的建筑，并介绍其特点。

答：

2. 剪力墙结构有什么优（缺）点？

提示：可以跟砌体结构、框架结构等进行对比。

答：

实　施　单

姓名		学号	
课堂自评		考核成绩	

实施步骤

1. 什么是剪力墙结构？

答：

2. 为什么剪力墙又称为抗风墙、抗震墙？为什么与剪力墙相关的结构体系可以建造高层建筑，而框架结构就不适合？

答：

关联☞知识点一　剪力墙结构

3. 剪力墙主要由＿＿＿＿＿＿、＿＿＿＿＿＿和＿＿＿＿＿＿三种构件组成。

4. 解释构造边缘构件和约束边缘构件的区别。

答：

5. 对于剪力墙内的暗梁来说，起到的作用是什么？

答：

关联☞知识点二　剪力墙结构组成

6. 解释名词：水平分布筋配筋率、底部加强区、剪力墙洞口率。

答：

关联☞知识点三　材料与结构要求

实　训　单

姓名		学号	
实训成绩			

1. 你去过哪些大型城市？见过哪些有代表性的高层建筑？最让你感到震撼的是什么？

答：

2. 阐述我国剪力墙结构的发展现状和历程。

答：

任务二　识读剪力墙墙身注写

预　习　单

姓名		学号		班级	
场地		日期		成绩	
任务目的	掌握剪力墙墙身注写				
任务耗材	主教材，22G101—1 图集				

任务调研

1. 剪力墙墙身里有哪些钢筋？每种钢筋的作用是什么？

提示：可参考主教材知识点。

答：

2. 剪力墙和砌体墙有什么区别？

提示：关键词"材料""受力特点"等。

答：

实 施 单

姓名		学号	
课堂自评		考核成绩	

实施步骤

1. 剪力墙内主要有_____、_____和_____三种钢筋。

2. 简述水平钢筋的作用、竖向钢筋的作用和拉筋的作用（按"预习单"回答）。

答：

关联☞知识点一　墙身钢筋种类

3. 识读表 6-1，填写以下内容：Q1 表示_____，建筑总高度为_____；在 10.000 处墙厚为_____，水平分布筋为_____，竖向分布筋为_____，拉筋为_____。

表 6-1　墙身表

编号	标高/m	墙厚/mm	水平分布筋	竖向分布筋	拉筋（矩形）
Q1	-0.030~30.270	300	Φ12@200	Φ12@200	Φ6@600@600
	30.270~59.070	250	Φ10@200	Φ10@200	Φ6@600@600
Q2	-0.030~30.270	300	Φ12@200	Φ10@200	Φ6@600@600
	30.270~59.070	250	Φ10@200	Φ10@200	Φ6@600@600

4. 简述墙身厚度和钢筋排数的关系。

答：

5. 拉筋矩形和梅花形布置，哪一种布置形式更好？

答：

关联☞知识点二　剪力墙墙身注写

实　训　单

姓名		学号	
实训成绩			

"1+X"应对试题

识读图 6-1，回答下列问题：

1. Q1 墙厚为_____，水平钢筋为_____，竖向钢筋为_____，拉筋间距为_____。

2. 本图墙身采用的是_____注写方法。

3. 本图轴线①处的 Q1 支座为_____。

4. Q1 支座的拉筋摆放采用的形式是_____。

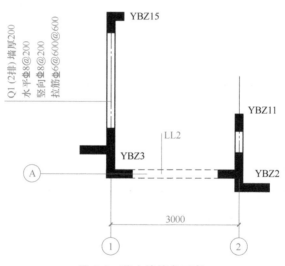

图 6-1　剪力墙墙身示意

任务三　掌握剪力墙墙柱钢筋构造

预　习　单

姓名		学号		班级	
场地		日期		成绩	
任务目的	掌握剪力墙墙柱注写，以及墙柱钢筋构造				
任务耗材	主教材，22G101—1 图集				

任务调研

1. 剪力墙墙柱有哪些类型？各自作用是什么？

答：

2. 剪力墙墙柱和框架柱有何异同？

答：

实　施　单

姓名		学号	
课堂自评		考核成绩	

实施步骤

1. 解释下列符号

YBZ 是指＿＿＿＿＿＿；GBZ 是指＿＿＿＿＿＿；AZ 是指＿＿＿＿＿＿；FBZ 是指

＿＿＿＿＿＿；λ_v 是指＿＿＿＿＿＿。

2. 剪力墙墙柱主要采用＿＿＿＿＿＿形式表达。

3. 剪力墙墙柱表里一般包括哪些内容？

答：

关联☞知识点一　剪力墙墙柱注写

4. 简述剪力墙墙柱纵筋连接和锚固与框架柱的异同点。

答：

关联☞知识点二　剪力墙墙柱纵筋构造

实　训　单

姓名		学号	
实训成绩			

"1+X" 应对试题

识读图 6-2，回答下列问题：

1. YBZ2 是指＿＿＿＿＿＿；共有＿＿＿＿＿＿根角筋；纵筋共有＿＿＿＿＿＿根；箍筋为＿＿＿＿＿＿。

2. YBZ1 的混凝土强度等级为＿＿＿＿＿＿；抗震等级为＿＿＿＿＿＿。

3. 若 YBZ2 支座为筏形基础，基础高度 $h=1200\text{mm}$，注写有 "B：X&Y Φ 20@120"，混凝土保护层厚度为 40mm。下面沿Ⓐ轴进行剖切，试绘制此边缘构件在基础内的锚固情况。

若此构件采用焊接，将纵筋连接构造一并标注在图 6-3 上。

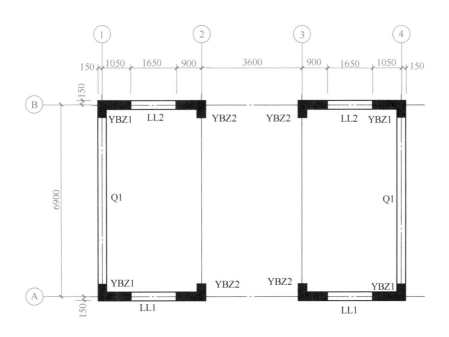

图 6-2　剪力墙边缘构件

截面	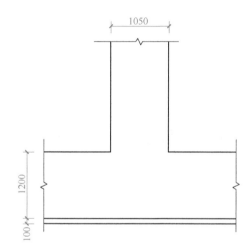			19.470	
			5	15.870	3.60
			4	12.270	3.60
			3	8.670	3.60
			2	4.470	4.20
			1	−0.030	4.50
编号	YBZ1	YBZ2	层号	标高/m	层高/m
标高	−0.030～19.470	−0.030～19.470			
纵筋	24Φ20	18Φ20			
箍筋	Φ10@100	Φ10@100			

结构层楼面标高
连梁居中布置

注：剪力墙构件混凝土强度等级为C35；抗震等级为二级。

图 6-2 剪力墙边缘构件（续）

图 6-3 剪力墙竖向钢筋锚固轮廓

任务四　掌握剪力墙墙梁钢筋构造

预　习　单

姓名		学号		班级	
场地		日期		成绩	
任务目的	掌握剪力墙墙梁注写，以及墙梁钢筋构造				
任务耗材	主教材，22G101—1 图集				

任务调研

1. 剪力墙墙梁有哪些种类？分别有哪些作用？

答：

2. 墙梁和框架梁有何异同？

答：

实　施　单

姓名		学号	
课堂自评		考核成绩	

实施步骤

1. 解释下列符号：

LL 表示 _____；LLk 表示 _____；AL 表示 _____；BKL 表示_____。

2. LLk 的判定条件是_____。

3. 简述连梁、暗梁和边框梁的区别。

答：

关联☞知识点一　剪力墙墙梁注写

4. 连梁第一根箍筋距离墙边_____ mm。

5. 楼层连梁在墙内_____（有/无）箍筋，墙顶连梁在墙内_____（有/无）箍筋，箍筋间距取_____ mm。

6. 连梁上下纵筋在支座内可直锚的条件是什么？

答：

7. 连梁内除了上部纵筋、下部纵筋、箍筋和拉筋，还有_____钢筋。

关联☞知识点二　剪力墙连梁钢筋构造

实 训 单

姓名		学号	
实训成绩			

"1+X" 应对试题

根据主教材图 6-15 和本任务工单图 6-2，回答下列问题：

1. LL2 在第二层的梁顶标高为_____。

2. LL2 截面尺寸为_____。

3. 计算 LL2 在 YBZ1 内的锚固长度。

答：

4. 计算 LL2 在楼层和楼顶的箍筋根数。

答：

工程管理方向试题

1. 小赵在识读剪力墙图纸时，未发现连梁内拉筋的直径大小，于是随意用了直径为 6mm 的钢筋，他的做法是否正确？

答：

2. 小赵在识读剪力墙图纸时，发现连梁并未设置腰筋，于是认为此梁内只有纵筋、箍筋和拉筋，腰部没有钢筋，是否正确？

答：

任务五 掌握剪力墙墙身钢筋构造

预 习 单

姓名		学号		班级	
场地		日期		成绩	
任务目的	掌握剪力墙墙身钢筋构造				
任务耗材	主教材，22G101—1 图集				

任务调研

1. 抄绘主教材图 6-17 剪力墙墙体竖向钢筋连接做法。

答：

2. 抄绘主教材图 6-21 剪力墙墙体水平钢筋连接构造。

答：

实 施 单

姓名		学号	
课堂自评		考核成绩	

实施步骤

1. 墙身竖向钢筋连接方式有_____、_____和_____三种。

2. 采用焊接时，竖向钢筋底部非连接区长度取_____。

3. 采用机械连接时，相邻钢筋要互相错开，错开尺寸为_____。

4. 墙身竖向钢筋在顶部设弯钩，弯钩长度取_____。

5. 墙身竖向钢筋变截面做法选择的判定条件是_____。

6. 墙身竖向钢筋连接是否都放置在距离底部≥500mm的地方？

答：

关联☞知识点一　剪力墙墙身竖向钢筋构造

7. 墙身水平钢筋锚固在暗柱上时，弯钩长度取_____；锚固在其他边缘构件上时取_____。

8. 墙身水平钢筋在变截面处做法选择的判定条件是_____。

9. 墙身水平钢筋的连接位置在哪里？连接长度取多少？

答：

关联☞知识点二　剪力墙墙身水平钢筋构造

实 训 单

姓名		学号	
实训成绩			

墙身信息见表 6-1，若墙身基础为筏形基础，基础高度 $h = 1200\text{mm}$，注写有 "B：X&Y Φ20@120"，混凝土保护层厚度为 40mm，试完成以下作答：

（1）补全竖向钢筋在基础内的锚固，完善图 6-4。

（2）补全墙体在标高 30.270 处的变截面做法，绘制在图 6-5 上。

绘制要求：标注必要轮廓尺寸；标注钢筋信息及尺寸；注明钢筋连接点。

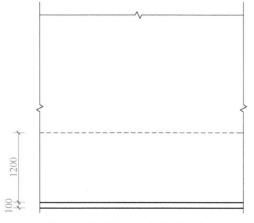

图 6-4 墙身竖向钢筋锚固构造

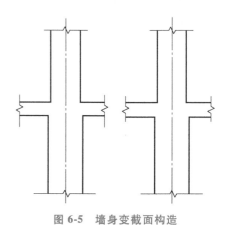

图 6-5 墙身变截面构造

任务六 掌握剪力墙洞口补强构造

预 习 单

姓名		学号		班级	
场地		日期		成绩	
任务目的	掌握剪力墙洞口的注写，掌握洞口钢筋补强做法				
任务耗材	主教材，22G101—1 图集				

任务调研

1. 剪力墙内为何要设置洞口？应在哪些部位设置洞口？

提示：既可从建筑空间使用角度思考，也可从安全角度思考。

答：

2. 抄绘主教材图 6-29 中剪力墙圆形洞口直径不大于 300mm 时的补强纵筋构造。

答：

实　施　单

姓名		学号	
课堂自评		考核成绩	

实施步骤

1. 按形状分类，剪力墙洞口有＿＿＿＿＿＿和＿＿＿＿＿＿两种形式。

2. 洞口标注时包含的内容有哪些？

答：

关联☞知识点一　剪力墙洞口表示方法

3. 解析下列注释：

（1）JD1 300×400 +2.400 3 Φ 14

（2）JD4 400×300 −2.100

（3）JD2 800×400 +3.100 3 Φ 16/3 Φ 14

（4）JD5 1000×800 +1.500 6 Φ 20 Φ 8@ 100

（5）YD1 1000 −1.800 6 Φ 20 Φ 8@ 150 2 Φ 18

关联☞知识点二　洞口每边补强钢筋

4. 剪力墙洞口尺寸为1000mm时，每边应如何补强？

答：

关联☞知识点三　剪力墙洞口补强钢筋构造

实　训　单

姓名		学号	
实训成绩			

"1+X"应对试题

识读图6-6，回答下列问题：

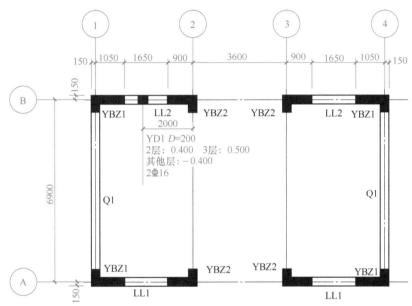

编号	所在楼层号	梁顶相对标高高差	梁截面尺寸 $b \times h$/mm	上部纵筋	下部纵筋	箍筋
LL1	2	0	300×800	3Φ22	3Φ22	Φ10@100(2)
	3～5	0	300×800	3Φ20	3Φ20	Φ8@100(2)
LL2	2	0.800	300×1200	4Φ22	4Φ22	Φ10@100(2)
	3～5	0.800	300×1200	4Φ20	4Φ20	Φ8@100(2)

		19.470	
5	15.870	3.60
4	12.270	3.60
3	8.670	3.60
2	4.470	4.20
1	−0.030	4.50
层号	标高/m	层高/m

结构层楼面标高

连梁居中布置

注：剪力墙构件混凝土强度等级为C35；抗震等级为二级。

图6-6　剪力墙施工图示例

1. YD1洞口直径为_____。

2. YD1在2层的洞口中心标高为_____，在3层的洞口顶标高为_____，在4层的洞口中心标高为_____。

3. YD1每边洞口补强钢筋为_____。

4. 若混凝土保护层厚度为 25mm，请计算 YD1 洞口补强的钢筋工程量。

答：

工程管理方向试题

应甲方要求，将图 6-6 中的 YD1 洞口改为正方形，边长为 250mm，其他不变，集中注写应如何修改。另计算修改后的补强钢筋工程量。

任务七　剪力墙模块综合实训

姓名		学号	
实训成绩			

一、单项选择题（每题 3 分，共 30 分）

1. Q1 有（　　）排钢筋网。

A. 1　　　　　　　　B. 2　　　　　　　　C. 3　　　　　　　　D. 无法确定

2. 当连梁宽高比≥（　　）时，代号为 LLk。

A. 3　　　　　　　　B. 4　　　　　　　　C. 5　　　　　　　　D. 6

3. 梅花形双向拉筋布置中，相邻拉筋间距不得大于（　　）mm。

A. 150　　　　　　　B. 200　　　　　　　C. 450　　　　　　　D. 600

4. 转角墙内侧水平钢筋锚固的弯钩长度为（　　）。

A. 150mm　　　　　　B. 15d　　　　　　C. 100mm　　　　　　D. 10d

5. 剪力墙钢筋说法错误的是（　　）。

A. 地上部分，水平钢筋在竖向钢筋的外侧

B. 钢筋多于两排时，外排钢筋直径宜大于内排直径

C. 拉结筋既可同时勾住水平钢筋和竖向钢筋，也可只勾住其中一根钢筋

D. 剪力墙端部或相交处一般要设置边缘构件

6. 关于剪力墙钢筋构造说法错误的是（　　）。

A. 墙身竖向钢筋采用绑扎时，相邻连接点错开间距 500mm

B. 边缘构件纵筋采用绑扎时，相邻连接点错开间距 L_l

C. 墙身竖向钢筋在屋面板内弯锚，弯钩取 12d

D. 墙身水平钢筋不必在边框梁内设置

7. 连梁内第一根箍筋距离墙边（　　）。

A. 50mm　　　　　　B. 100mm　　　　　　C. 150mm　　　　　　D. 一个箍筋间距

8. 连梁纵筋直锚时，直锚长度不得小于 L_{aE}，同时不得小于（　　）。

A. 支座一半长度　　　B. 450mm　　　　　　C. 500mm　　　　　　D. 600mm

9. 连梁拉筋说法正确的是（　　）。

A. 拉筋间距为 2 倍箍筋间距

B. 梁宽 300mm 时，拉筋直径取 8mm

C. 梁宽 350mm 时，拉筋直径取 6mm

D. 拉筋直径同箍筋直径

10. 关于 LLk 说法错误的是（　　）。

A. 加密区长度计算同框架梁

B. 加密区长度和抗震等级有关

C. 加密区长度和梁高有关

D. 不设置加密区

二、多项选择题（每题 5 分，漏选得 2 分，共 20 分）

11. 平法施工图中，剪力墙主要有（　　）表达方式。

A. 列表法　　　　　B. 平面法　　　　　C. 截面法　　　　　D. 剖面法

E. 集中标注和原位标注

12. 下列属于剪力墙中的边缘构件的是（　　）。

A. YBZ　　　　　B. GBZ　　　　　C. AZ　　　　　D. FBZ

E. KZ

13. 剪力墙洞口在中心位置的引注内容包括（　　）。

A. 洞口编号　　　　　　　　　　B. 洞口几何尺寸

C. 洞口顶部相对结构标高　　　　D. 洞口每边补强钢筋

E. 洞口用途

14. 关于"JD4 800×300 +3.100 3 ⊈ 18/3 ⊈ 14"，说法正确的是（　　）。

A. 矩形洞口　　　　　　　　　　B. 洞口宽 300mm，高 800mm

C. 洞宽方向补强钢筋为 3 ⊈ 14　　D. 洞高方向补强钢筋为 3 ⊈ 18

E. "3.100"为本层结构标高

三、计算题（本题 50 分）

计算本任务工单图 6-6 中 LL1 的钢筋工程量。

答：

模块七　楼梯识读及钢筋构造

任务一　识读楼梯平法注写

预　习　单

姓名		学号		班级	
场地		日期		成绩	
任务目的	掌握楼梯的平法注写				
任务耗材	配套图纸，主教材，22G101—2 图集				

任务调研

1. 简述楼梯的作用。

提示：主要从建筑使用角度考虑其用途。

答：

2. 楼梯的种类有哪些?

提示：关键词"形状""场地""组成""材料""结构安全"等。

答：

实　施　单

姓名		学号	
课堂自评		考核成绩	

实施步骤

1. 现浇钢筋混凝土楼梯的类型有_____种，其中有抗震构造措施的有

_____。

2. 平法中，梯板大概由_____、_____和_____组成。

3. 平法中，CT 型楼梯由_____和_____组成。

4. FT 型楼梯有_____个支座，ATa 型楼梯有_____个支座。

5. 采用双层双向配筋的楼梯类型有_____。

关联☞知识点一　楼梯类型

6. 楼梯平法注写方式有_____、_____和_____三种。

7. 楼梯平面注写包括_____和_____；集中标注有五项内容，分别是

_____、_____、_____、_____和_____。

8. 比较楼梯平面注写、剖面注写和列表注写各自的特点。

答：

关联☞知识点二　楼梯平法注写方式

实 训 单

姓名		学号	
实训成绩			

"1+X"应对试题

识读图 7-1，回答下列问题：

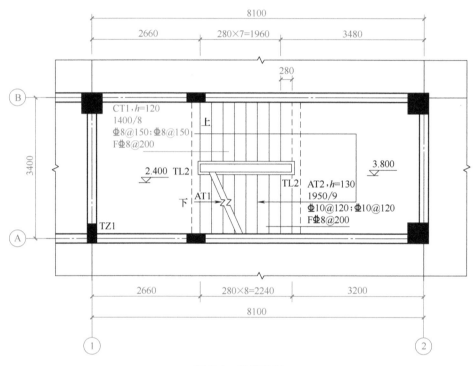

图 7-1 楼梯示例

1. 解释下列含义：

"AT2"表示＿＿＿＿＿＿＿＿；"$h = 130$"表示＿＿＿＿＿＿＿＿；"1950/9"表示
＿＿＿＿＿＿；"$\Phi 10@120$；$\Phi 10@120$"表示＿＿＿＿＿＿＿＿＿＿＿＿＿＿；"F$\Phi 8$
@200"表示＿＿＿＿＿＿＿＿＿＿＿＿＿。

2. CT1 高端平台宽为＿＿＿＿＿＿；梯段踏步数为＿＿＿＿＿＿；梯段水平投影长度为
＿＿＿＿＿＿；有＿＿＿＿＿＿个支座；梯段顶标高为＿＿＿＿＿＿。

工程管理方向试题

应甲方要求，现将图 7-1 中的 CT1 梯段做如下修改：改为 AT 型，去掉高端平板；踏步尺寸不变，增加 1 个踏步，梯段高度变为 1575mm；上部、下部纵筋改为"$\Phi 10@150$"。请重新绘制图 7-1。

答：

任务二　掌握楼梯钢筋构造

预　习　单

姓名		学号		班级	
场地		日期		成绩	
任务目的	掌握楼梯钢筋的构造				
任务耗材	主教材，22G101—2 图集				

任务调研

1. 抄绘主教材中图 7-3。

答：

2. 抄绘主教材中图 7-4。

答：

实 施 单

姓名		学号	
课堂自评		考核成绩	

实施步骤

1. AT 型楼梯上部纵筋的跨内伸出长度（水平投影）为_____，若踏步尺寸 $b_s/h_s=k$，则实际伸出长度为_____。

2. AT 型楼梯上部纵筋锚固的弯钩长度为_____。

3. AT 型楼梯下部纵筋在支座内的锚固长度为_____。

4. AT 型楼梯水平投影长 L_n，支座宽 b；已知 k，分布筋为 "F φ 8@ 250"，请计算分布筋的根数。

答：

关联☞知识点一　AT 型楼梯钢筋构造

5. ATc 型楼梯的纵筋和 AT 型楼梯的纵筋，它们的区别有哪些？

答：

关联☞知识点二　ATc 型楼梯钢筋构造

实 训 单

姓名		学号	
实训成绩			

已知梯梁尺寸均为 250mm×500mm，踏步尺寸均为 160mm×280mm，其他信息见表 7-1。

表 7-1 某梯梁信息

板号	L_n/mm	低端平板长/mm	板厚/mm	上部纵筋	下部纵筋	分布筋
AT1	2520	0	120	⚲10@150	⚲10@130	Fφ8@250
BT2	2520	400	130	⚲10@150	⚲10@130	Fφ8@250

根据表 7-1 中信息，用截面法绘制 AT1 和 BT2 的纵剖面图。绘制要求：绘制比例为 1∶50；绘制梯段和梯梁轮廓并标注；绘制梯段钢筋并标注。

答：

任务三　楼梯模块综合实训

姓名		学号	
实训成绩			

识读图 7-2 回答下列问题。

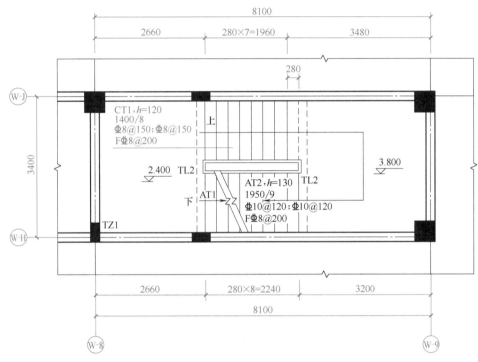

图 7-2　楼梯施工图实训

一、单项选择题（每题 4 分，共 40 分）

1. 22G101—2 图集中，关于 ET 型楼梯说法错误的是（　　）。

A. 无抗震构造措施　　　　　　　B. 有 4 个支座

C. 纵筋双层双向设置　　　　　　D. 只有 1 个平台

2. 22G101—2 图集适用于（　　）。

A. 现浇混凝土梁式楼梯　　　　　B. 现浇混凝土板式楼梯

C. 现浇混凝土梁板式楼梯　　　　D. 预制楼梯

3. ATa 型楼梯支座在（　　）。

A. 低端梯梁上　　　　　　　　　B. 低端梯梁悬挑板上

C. 高端梯梁上　　　　　　　　　D. 高端梯梁悬挑板上

4. FT 型楼梯层间平板采用（　　）。

A. 一边支撑　　　B. 两边支撑　　　C. 三边支撑　　　D. 四边支撑

5. 关于 ATc 型楼梯说法错误的是（　　）。

A. 双层双向配筋　　　　　　　　　　B. 梯段梁侧有暗梁

C. 一级抗震时，暗梁纵筋不得少于 8 根　　D. 箍筋间距不大于 200mm

6. AT 型楼梯下部纵筋的锚固长度为（　　）。

A. $5d$　　　　　　B. 至少过梁中线　　C. 150mm　　　　D. $0.4L_{ab}+15d$

7. 图 7-2 中，AT1 踏步数为（　　）个。

A. 8　　　　　　　　B. 9　　　　　　　C. 10　　　　　　D. 11

8. 图 7-2 中，AT1 踏步高为（　　）mm。

A. 140　　　　　　　B. 145　　　　　　C. 161　　　　　　D. 181

9. 图 7-2 中，AT1 下部分布筋根数为（　　）。

A. 8　　　　　　　　B. 9　　　　　　　C. 10　　　　　　D. 11

10. 图 7-2 中，AT1 上部纵筋伸出水平投影长度为（　　）mm。

A. 568　　　　　　　B. 500　　　　　　C. 510　　　　　　D. 520

二、绘图题（本题 60 分）

1. 绘制图 7-2 中 AT1 纵剖面图，补绘在图 7-3 上，要求标注楼梯轮廓尺寸，补绘钢筋并标注。

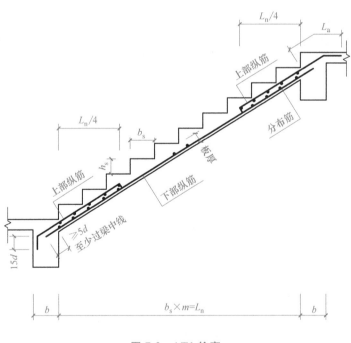

图 7-3　AT1 轮廓

2. 应甲方要求，将图 7-2 中的 AT1 改为 ATc1，暗梁以最小配筋设置，将改后的图补绘在图 7-4 上，要求标注楼梯轮廓尺寸，补绘钢筋并标注，绘制梯段横断面，注明暗梁的尺寸和配筋，绘图比例为 1∶20。

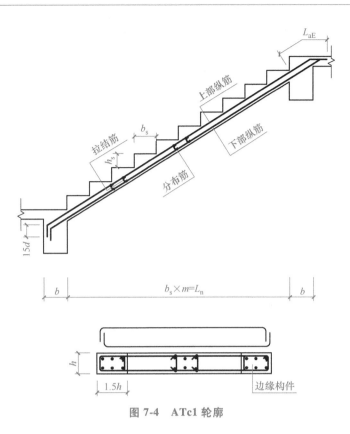

图 7-4　ATc1 轮廓